サケが帰ってきた！

福島県木戸川漁協
震災復興へのみちのり

奥山文弥◉著

小学館

2009/10/28
（上）サケのオス（下）サケのメス

2009/10/28
木戸川を有名にしたサケの釣獲調査

2010/10/23
伝統的な木戸川あわせ網漁

震災前の木戸川
そこには豊かな恵みがあった

2010/10/17
販売所の様子

2010/10/17
木戸川サケ祭り

2011/3/11
漁協（右の建物）を襲った第２波

2011/3/11
木戸川を逆流する津波の第１波

2011/3/11
第２波が引き、河口付近はガレキの海

2011/3/11
漁協や楢葉町が一気にのみ込まれた

津波がやってきた！
3.11 東日本大震災

2011/3/11
第３波が襲来した木戸川の様子

2011/3/27
津波で全て流されてしまったヤナ場

2011/3/27
震災後初めて戻った漁協、停電でアユが全滅

2011/3/27
津波による販売所内の被害

甚大な被害
漁協の壊滅

2011/4/4
水産加工場内

2011/4/4
漁協事務所東側道路のガレキ

それから…
我慢の日々

2011/8/4
漁協事務所が獣のすみかに

2012/8/31
木戸川を見つめる鈴木謙太郎さん

2012/3/8
第一ふ化場の室内が獣の糞だらけ

22014/1/30
水産加工冷凍庫内の腐った加工品の片付け

2013/9/3
第一ふ化場の室内片付け

2015/3/20
新ヤナ場の工事中

2015/3/11
第１ふ化場解体作業中

2015/10
新ヤナ場完成

復興へ！
一歩一歩
着実に

2016/2/5
第１ふ化場伏流水取水施設工事中

2015/1/25
虹が出た第１ふ化場の風景

サケが帰ってきた！
再び光りさす木戸川

2014/11/5
モニタリング調査で捕獲したオスザケ

2015/10/24
あわせ網漁法でこのシーズン一番の大漁

2015/10/18
モニタリング調査ではない震災後初網引き

2015/12/19
仮設小学校で授業する鈴木さん

2015/11/7
再建したふ化場で、鈴木さんと息子たち

本格復興へ…未来のために

2016/10/27
第一ふ化場にて採卵作業

2016/10/27
ヤナ場下でのあわせ網漁法

2016/1/1
ふ化した仔魚

2016/3/30
震災後初放流したサケ稚魚

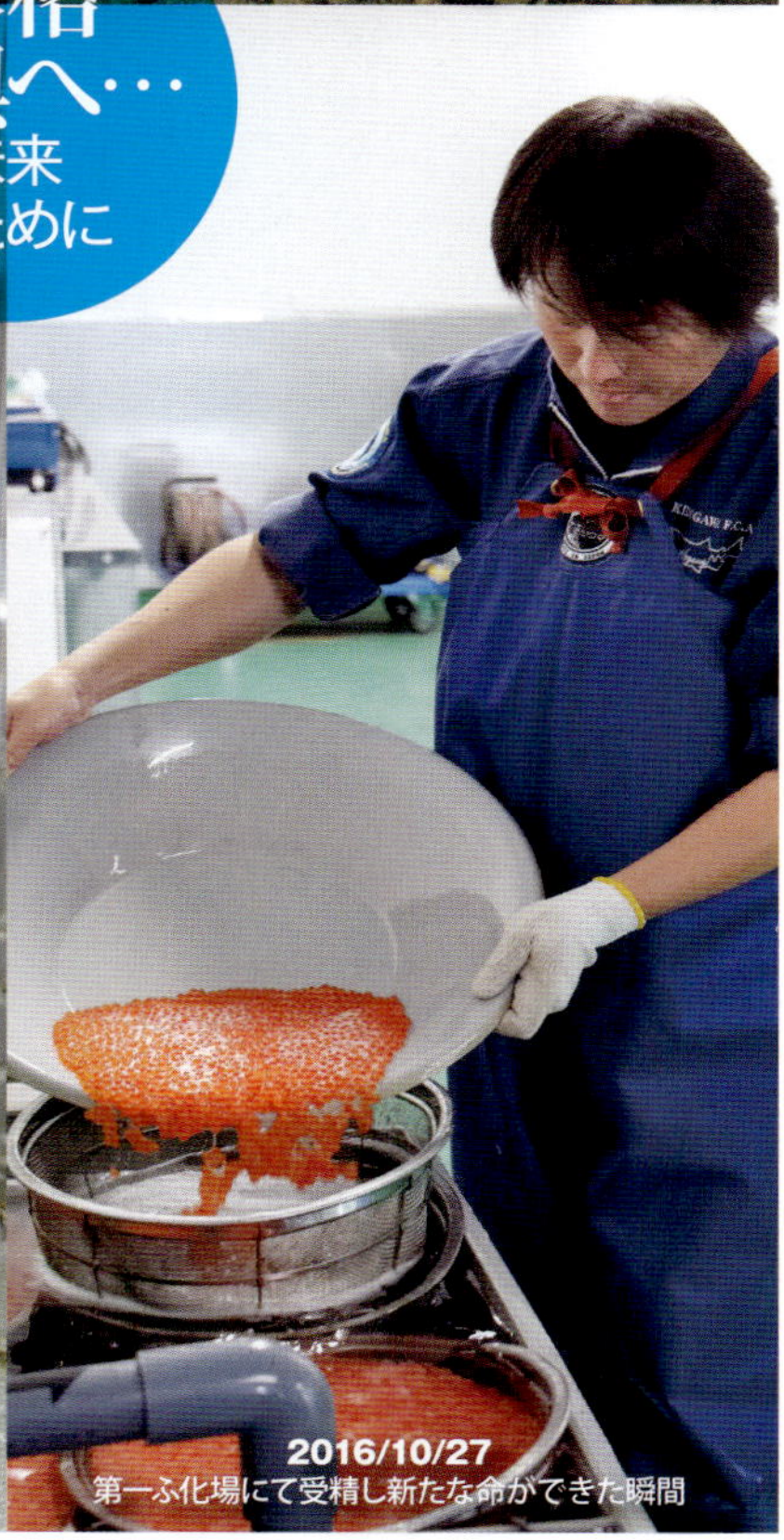
2016/10/27
第一ふ化場にて受精し新たな命ができた瞬間

はじめに

この物語は、福島県双葉郡楢葉町《ふくしまけんふたばぐんならはまち》を流れる木戸川《きどがわ》でサケの増殖事業《ぞうしょくじぎょう》に従事《じゅうじ》している1人の青年——東日本大震災《しんさい》に伴《ともな》う東京電力福島第1原子力発電所事故《じこ》に遭遇《そうぐう》した鈴木謙太郎《すずきけんたろう》くんの奮闘記《ふんとうき》です。

東日本大震災《しんさい》は2011年3月11日に発生しました。午後2時46分、東北地方太平洋地震《じしん》と名付けられたマグニチュード9・0、発生時点において我《わ》が国の観測《かんそく》史上最大の地震《じしん》でした。震源《しんげん》は広大で岩手県沖《おき》から茨城県沖《いばらきけんおき》までの南北に500㎞、東西200㎞の約10万㎢という広範囲《こうはんい》が全て震源《しんげん》だとされています。最大震度《しんど》は宮城県《みやぎけん》の栗原市《くりはらし》で震度《しんど》7。その他宮城《みやぎ》、栃木《とちぎ》、福島《ふくしま》、茨城《いばらき》の一部で震度《しんど》6強を記録しました。

この地震《じしん》によって巨大《きょだい》な津波《つなみ》が発生しました。場所によっては高さ10m、最大遡上高《そじょうだか》40・1mにも上がってきた津波《つなみ》は、東北地方と関東の太平洋側の地域《ちいき》に壊滅《かいめつ》的な被害《ひがい》をもたらしました。

津波《つなみ》以外にも地震《じしん》の揺《ゆ》れや液状化現象《えきじょうかげんしょう》、地盤沈下《じばんちんか》、隆起《りゅうき》、ダムの決壊《けっかい》、火災《かさい》などによって、東北を中心に北海道南部から東京湾《わん》を含《ふく》む関東南部に至《いた》る広大な範囲《はんい》に被害《ひがい》が発生しました。

震災《しんさい》による死者行方不明者は約１８，５００人。震災《しんさい》発生直後のピークには避難《ひなん》者数40万人以上。復興庁《ふっこうちょう》によれば２０１７年２月13日時点での避難《ひなん》者数は１２３，１６８人になっており、未だに多くの人々《ひとびと》を苦しませています。

津波《つなみ》はさらに悲劇《ひげき》を生みました。遡上高《そじょうだか》15mの津波《つなみ》に襲《おそ》われた東京電力福島第1原子力発電所は、1号機～5号機で全電源《でんげん》がストップ。原子炉《げんしろ》を冷却《れいきゃく》できなくなり、1号炉《ろ》～3号炉《ろ》で炉心融解《ろしんゆうかい》（メルトダウン）が起こり、それに伴《ともな》って大量の放射性物質《ほうしゃせいぶっしつ》が撒《ま》き散らされました。

この原発事故《じこ》は、国際《こくさい》原子力事象評価尺度《ひょうかしゃくど》で最悪レベルの7に位置付けられました。これはチェルノブイリの原発事故《じこ》と同等レベルです。

当時、原子力発電所のもととなる放射能《ほうしゃのう》、放射性物質《ほうしゃせいぶっしつ》について詳《くわ》しく知る一般人《いっぱんじん》はあまりいませんでした。中に入っているのが危険《きけん》な物質《ぶっしつ》であることは知られていましたが、発電所は徹底《てってい》して安全に管理《かんり》されていると言われていたのです。またそれが、どう危険《きけん》なのか、具体的にどういう状態《じょうたい》で人間に影響《えいきょう》を与《あた》えるのか、教えてくれる人もいませんでした。

これにより、原子力発電所周辺の人々《ひとびと》は地震《じしん》や津波《つなみ》による被害《ひがい》の復旧《ふっきゅう》もできぬまま、避難《ひなん》しなくてはならなくなりました。

謙太郎《けんたろう》くんもその中の1人でした。彼《かれ》は釣《つ》りが大好き、魚が大好きで、高校も水産高校、そして就職《しゅうしょく》も漁業協同組合《ぎょぎょうきょうどうくみあい》という魚一筋《ひとすじ》の人生を歩んでいます。

謙太郎《けんたろう》くんは子どもの頃《ころ》、地元の川で釣《つ》りをしていると、得体の知れない怪魚《かいぎょ》に出会いました。

「いつかあの魚を釣《つ》ってみたい」

いきなり彼《かれ》の夢《ゆめ》は膨《ふく》れ上がりました。それがサケ（標準和名《ひょうじゅんわめい》シロザケ）だったのです。のちにサケは法律《ほうりつ》で獲《と》ってはいけないことを知りましたが、いつかそのサケを釣《つ》ってみたいと思うようになりました。

木戸川漁業協同組合《きどがわぎょぎょうきょうどうくみあい》に就職《しゅうしょく》したのち、組合長の考えで釣獲調査《ちょうかくちょうさ》という形でサケ釣《つ》りが実現《じつげん》することになりました。すると、マスコミに多く取り上げられ、木戸川《きどがわ》は一躍《いちやく》有名になりました。

当初は順調にいっているように見えました。謙太郎《けんたろう》くんの夢《ゆめ》が叶《かな》いつつありました。

しかし、そこへあの震災《しんさい》が起こりました。震災《しんさい》だけならまだ良かったのですが、原発事故《じこ》が追い打ちをかけたのです……

目次

サケが帰ってきた！

福島県木戸川漁協　震災復興へのみちのり

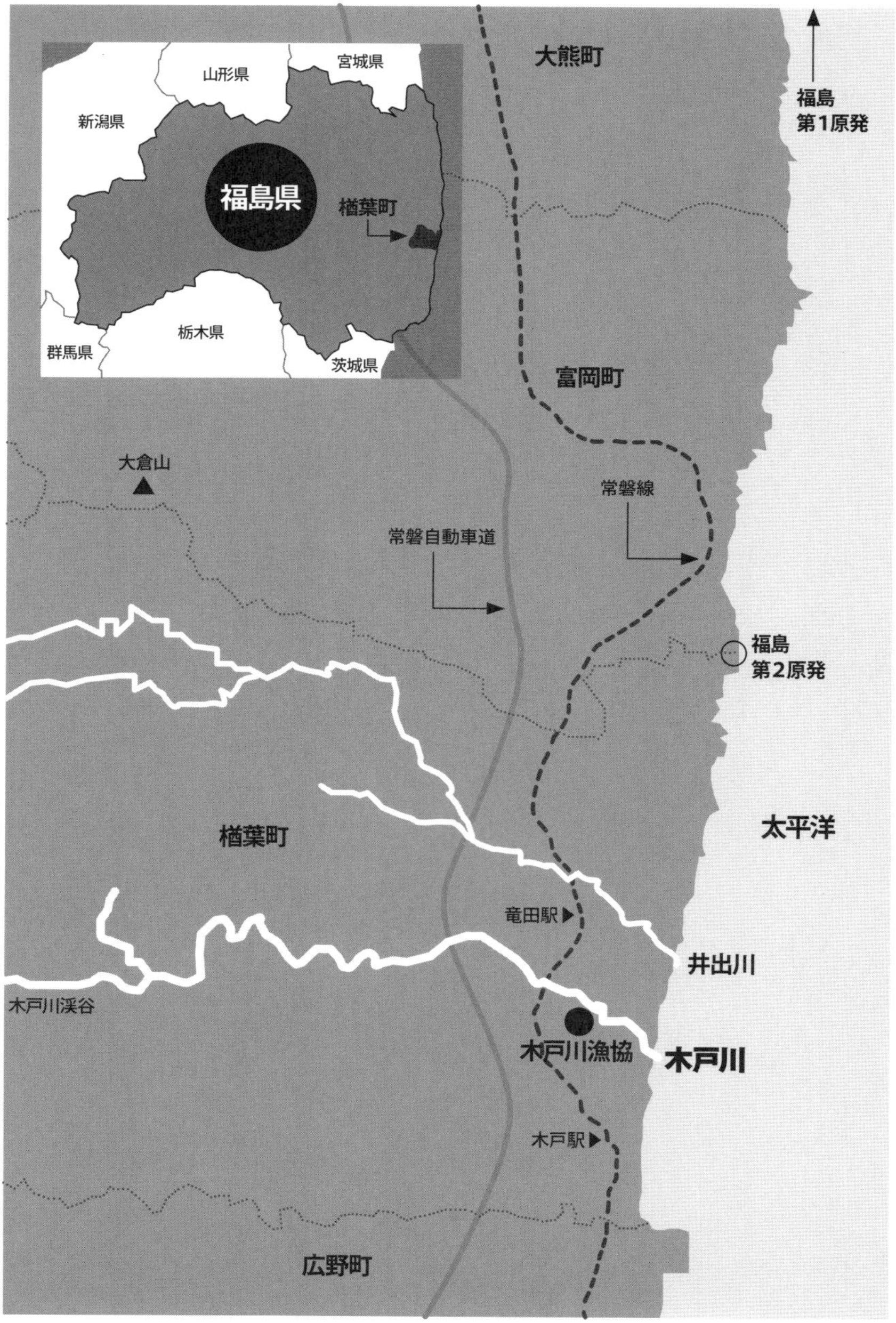

山形県
宮城県
新潟県
福島県
楢葉町
栃木県
群馬県
茨城県
大熊町
福島
第1原発
富岡町
大倉山
常磐線
常磐自動車道
福島
第2原発
太平洋
楢葉町
竜田駅
井出川
木戸川渓谷
木戸川漁協
木戸川
木戸駅
広野町

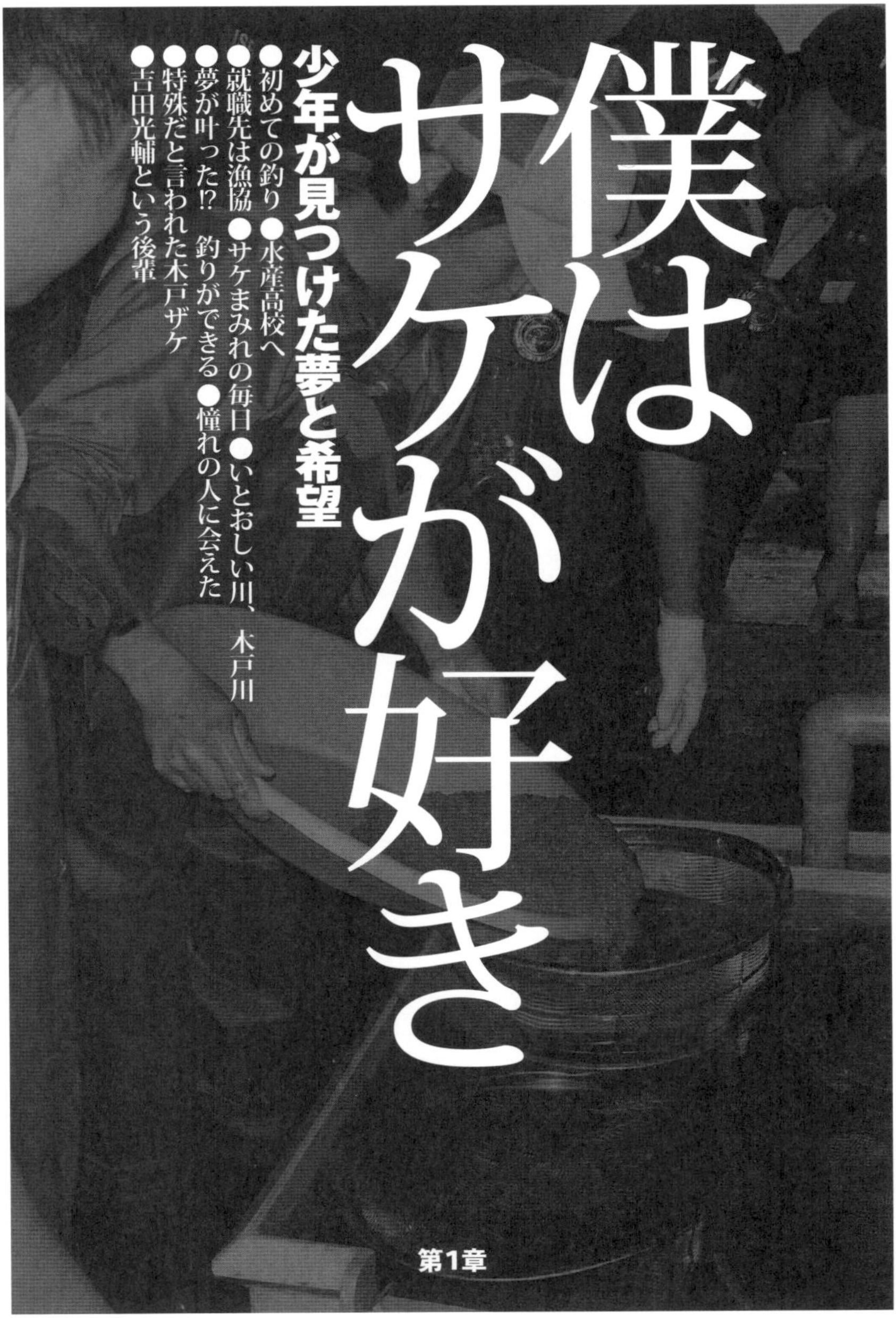

第1章

僕はサケが好き

少年が見つけた夢と希望

●初めての釣り ●水産高校へ
●就職先は漁協 ●サケまみれの毎日 ●いとおしい川、木戸川
●夢が叶った⁉ 釣りができる ●憧れの人に会えた
●特殊だと言われた木戸ザケ
●吉田光輔という後輩

初めての釣《つ》り

「でかい！」

一瞬《いっしゅん》しか見えませんでしたが、謙太郎《けんたろう》くんの目に映《うつ》ったその影《かげ》は、まるで怪獣《かいじゅう》のように見えました。いや怪獣《かいじゅう》がいるわけがない、サメか？

サメも川にいるわけがないじゃないか。謙太郎《けんたろう》くんは震《ふる》えていました。あんな大きな魚がいるのか。釣竿《つりざお》を握《にぎ》ったまま、しばらくその河原《かわら》に立ちすくんでしまいました。

「おい、またかよ」

ボールを拾いに行った父親、保夫《やすお》さんがまた愚痴《ぐち》をこぼしました。相手は4歳《さい》の謙太郎《けんたろう》くん。キャッチボールはつまらないからと、父がピッチャー、謙太郎《けんたろう》くんがバッターという2人野球です。

謙太郎《けんたろう》くんとの親子コミュニケーションに、保夫《やすお》さんが選んだのが野球でした。でも、打てるように優《やさ》しく投げたボールを、謙太郎《けんたろう》くんはどこへ飛ぶか分からないバッティングで打ち返します。

謙太郎《けんたろう》くんの楽しそうな笑顔は、キラキラしていてとても可愛《かわい》かったのですが、毎回ピッチャーが球拾いをしなくてはならなくなり、「こりゃたまらん」と思い始めたのでした。

「謙太郎《けんたろう》と楽しく、しかも自分が疲《つか》れないで遊ぶ方法は何か他にないか？」

保夫《やすお》さんが考えに考えたのちにたどり着いたのが釣《つ》りでした。彼《かれ》には昔、フナ釣《つ》りをのんびりと楽しんだ経験《けいけん》があったのです。

「よし、謙太郎《けんたろう》を釣《つ》りに連れて行こう」

そう決心した保夫《やすお》さんは、いわき市郊外《こうがい》の夏井川《なついがわ》へ彼《かれ》を連れて行きました。その日は小さなフナがたくさん釣《つ》れて、謙太郎《けんたろう》くんは大喜びしました。この時はまだあの怪魚《かいぎょ》と出会うとは思いませんでした。

保夫《やすお》さんもこれがきっかけで釣《つ》りを再開《さいかい》し、週末になると息子《むすこ》を連れて釣《つ》りに出かけるようになりました。

電車《でんしゃ》と電車《でんしゃ》のおもちゃ、そしてお父さんとの２人野球が大好きだった普通《ふつう》の少年が、釣《つ》りにハマっていったきっかけでした。

時には母親の優子《ゆうこ》さんと謙太郎《けんたろう》くんの３歳違《さいちが》いの妹、千広《ちひろ》さんも釣《つ》りに一緒《いっしょ》に出かけ、ファミリーフィッシングをすることも多くなりました。

小学生になると謙太郎《けんたろう》くんは、友達と釣《つ》りに行くようにもなりました。釣《つ》りに行く時には、必ず親に許可《きょか》を得てからが決まりです。保夫《やすお》さんは謙太郎《けんたろう》くんが友達と釣《つ》りに行っていても、時おり、川へ見に行きました。子どもたちだけでは心配もあったからです。時には友達のお父さんも一緒《いっしょ》に来てくれました。大人たちは、釣《つ》りは楽しいけれど危険《きけん》も伴《ともな》うことを教えてくれたのです。

当時の釣《つ》り方は延《の》べ竿《ざお》（リールがついていない釣《つ》り竿《ざお》）に玉ウキ、餌《えさ》はミミズで釣《つ》りをしていましたが、3年生になる頃《ころ》、ルアーフィッシング（疑似餌釣《ぎじえづ》り）を始めました。上級生に教えてもらい、小名浜《おなはま》の野池《のいけ》でブラックバスを釣《つ》ったのです。餌《えさ》を使わずに偽物《にせもの》で魚をだまして釣《つ》ることは、当時の彼《かれ》には非常《ひじょう》に新鮮《しんせん》な釣《つ》り方でした。

ただし、道具は小学生にとってはとても高いので、その後は全てのお小遣《こづか》い、お年玉などを貯めて、道具を購入《こうにゅう》しました。

1年後、海でもルアーが有効《ゆうこう》だと知り、小名浜港《おなはまこう》でルアーを投入してみると、なんと63cmのシーバス（スズキ）がヒット。ますます釣《つ》りにハマっていったのでした。小学4年生でそんなに大きな魚を釣《つ》ったら、もうやめられません。

そんな彼《かれ》を家族はどう見ていたのでしょうか？

釣《つ》りは、嫌《いや》がる生き物をねじ伏《ふ》せるようにして捕獲《ほかく》します。時には美味《おい》しく食べるために命を奪《うば》います。「いただきます」の語源《ごげん》をまさに体現《たいげん》するのです。

現代《げんだい》はモノがあふれかえり、なんでも手に入る時代です。そんな時代だからこそ、人間が本来持っている狩猟本能《しゅりょうほんのう》を目覚めさせることができる釣《つ》りをすること、それが我《わ》が子にとって大切だと保夫《やすお》さんは感じていました。

こうして子どもの頃《ころ》から釣《つ》り三昧《ざんまい》。週末や夏休みが待ち遠しくて仕方がない謙太郎《けんたろう》くんに成長しました。

すっかり釣《つ》り少年になった中学1年の秋、あの怪魚《かいぎょ》と再《ふたた》び出会いました。父親と出かけた夏井川《なついがわ》の魚販売所《はんばいじょ》、そこにはあの時見た怪魚《かいぎょ》が並《なら》んでいました。その魚はサケ、標準和名《ひょうじゅんわめい》はシロザケと言います。

「なんだサケだったのか？」と単純《たんじゅん》に理解《りかい》するわけにはいきませんでした。

市場のような販売所《はんばいしょ》で捕獲《ほかく》されて死んでいるサケを見るのと、川で釣《つ》りをしている時に泳いでいる姿《すがた》を見るのとは全く違《ちが》います。のちにこの魚が謙太郎《けんたろう》くんの人生を支《ささ》えるなんて思いもしなかったのですが、彼《かれ》はもう立派《りっぱ》な釣《つ》り人《びと》……

「あの魚を釣《つ》ってみたい」とワクワクしたそうです。

しかしその話を父親に告げると、それが不可能《ふかのう》であることを教えられました。水産資源《しげん》保護法《ほごほう》という法律《ほうりつ》があり、川に遡上《そじょう》したサケは保護《ほご》されているため、一般人《いっぱんじん》は釣《つ》りであろうと網《あみ》であろうと手段《しゅだん》は問わず、獲《と》ってはいけないのです。

「いつかこの魚が釣《つ》れるようになればいいのにな」。彼《かれ》はそう思いました。

水産高校へ

中学2年になると、進路相談が始まりました。学校は様々《さまざま》な高校の案内をしてくれます。中学校までは義務《ぎむ》教育ですから学費は無料。しかし高校からは学費がかかり、私立《しりつ》高校と県立高校では、学費がかなり違《ちが》います。

謙太郎《けんたろう》くんは県立高校のどこかへ行こうと思いました。思案中に目に止まったのは、いわき海星高校（元小名浜《おなはま》水産高校）でした。この高校は一般《いっぱん》的に言う水産高校です。今では水産という言葉を使う高校は少なく、海洋科学高校、とか海洋高校と呼《よ》ぶようになっていますが、昔は水産高校という名前が一般《いっぱん》的でした。

将来《しょうらい》、漁業関係者になるとか、海や魚の関係の仕事に就《つ》きたいという人が通う高校です。そして一般《いっぱん》的な勉強は嫌《きら》いだけれど、魚の勉強なら大好きという生徒もたくさんいるというではありませんか。

謙太郎《けんたろう》くんはさらにときめきました。パンフレットを見ると、マグロ漁業の実習があると書いてあります。また、ボートフィッシングなんていう実習もあるのです。いったいどんな実習なのでしょう。

謙太郎《けんたろう》くんは後先《あとさき》考えずにこの高校に決めました。

周りの友人からも、

「謙太郎《けんたろう》はここで決まりでしょ」

とか、

「お前のためにある学校だ」

「進路悩《なや》まなくていいから羨《うらや》ましいね」

「釣竿《つりざお》持って高校に行くのか？」

とからかわれていました。

就職先《しゅうしょく》は漁協《ぎょきょう》

受験勉強もしっかりして、福島県立いわき海星高校に入学した謙太郎《けんたろう》くんは、充実《じゅうじつ》した青春の日々《ひび》を過《す》ごしました。

勉強全てが魚や海、川のことだったからです。英語だけは苦手でしたが、他の教科はトップクラスでした。

2年生になった時、後輩《こうはい》に吉田光輔《よしだこうすけ》くんが入学してきました。光輔《こうすけ》くんも大がついた釣《つ》りキチ（大の釣《つ》りファン）。彼《かれ》らはすぐに意気投合し、毎週のように一緒《いっしょ》に釣《つ》りに行きました。2人は兄弟のように仲良くなりました。

この後輩《こうはい》こそが、謙太郎《けんたろう》くんの人生を支《ささ》える一生の友達の1人なのです。

その年の秋、希望者10名で、2泊《はく》3日《か》のサケ実習の募集《ぼしゅう》が始まりました。場所は楢葉町《ならはまち》の木戸川《きどがわ》です。漁業協同組合《ぎょぎょうきょうどうくみあい》（漁協《ぎょきょう》）のサケ増殖事業《ぞうしょくじぎょう》のお手伝いです。

謙太郎《けんたろう》くんは一番先に申し込《こ》みをしました。釣《つ》りはできませんでしたが、彼《かれ》にはとっても有意義《ゆういぎ》な実習でした。サケ漁は川に上ったサケを捕獲《ほかく》します。

漁業組合員はサケを獲《と》ることが許可《きょか》されています。木戸川《きどがわ》の捕獲《ほかく》方法で特徴《とくちょう》的なのは、あわせ網《あみ》です。まず、サケの群《む》れの下流に川を横切るように網《あみ》を張《は》っておきます。そのあとで、上流側に網《あみ》を張《は》り、下流に追い込《こ》むように網《あみ》を流していきます。

下流の網《あみ》まで来ると網《あみ》が合わさり、その間にたくさんのサケが挟《はさ》み込《こ》まれるのです。網《あみ》を合わせて縛《しば》ったら、対岸《たいがん》側を外して扇状《おうぎじょう》に下流へ網《あみ》を流すと、岸際《きしぎわ》にサケがたくさん入った網《あみ》が流れ着く仕組みです。

それを捕《つか》まえてオス・メスに分けてトラックに積み込《こ》み、採卵場《さいらんじょう》へ持っていきます。メスから卵《たまご》を取って、オスの精液《せいえき》をかけて受精《じゅせい》させ、ふ化槽《かそう》に移《うつ》します。そして翌年《よくねん》春まで育てた稚魚《ちぎょ》を川へ放流するのがサケの増殖事業《ぞうしょくじぎょう》です。

海へ降《お》りたサケは北洋へと回遊し、4年後、70㎝以上に成長して川へ帰ってきます。これを母川回帰《ぼせんかいき》と言います。その目的はただ1つ、卵《たまご》を産むためです。

そのクライマックスとも呼《よ》ぶべき、遡上《そじょう》したサケを捕獲《ほかく》するのですから、興奮《こうふん》しないわけがありません。胸《むね》まであるウエイダーという長靴《ながぐつ》を履《は》いて川に入り、あわせ網《あみ》に封《ふう》じ込《こ》められた、暴《あば》れる元気なサケを1尾《び》ずつ捕《つか》まえていきます。

小さな頃《ころ》に驚《おどろ》かされたあのサケをつかむのです。70㎝を超《こ》える暴《あば》れるサケを抑《おさ》え込《こ》むのです。当然力仕事になります。時には勢《いきお》いよくサケの尻尾《しっぽ》で人間が叩《たた》かれます。謙太郎《けんたろう》くんにとっては、それも心地よい刺激《しげき》でした。

疲《つか》れるのも忘《わす》れ、我先《われさき》にと次々《つぎつぎ》にサケを捕《つか》まえました。

同級生たちの中には、

「水しぶきがかかるから嫌《いや》だ」

「2~3尾《び》さわればもう十分」

「サケのぬめりが服につく」

「疲《つか》れた」

「めんどくせー」

などなど理由をつけてサボろうとしたり、単位にプラスになる実習だから来ているのだ、別に好きで来ているわけじゃないという消極的な態度《たいど》を見せてしまう子もいたようです。

一方、サケに憧《あこが》れを持っていた謙太郎《けんたろう》くんには、けっこうな力仕事でしたが、とっても爽《さわ》やかな実習でした。

この時も彼《かれ》は思いました。

「これだけ遡《さかのぼ》ってくるのだから、釣《つ》らせてくれてもいいのに」

でも、そこには法律《ほうりつ》の壁《かべ》がありました。

「僕《ぼく》だけ特別に、1尾《び》だけ。ね、お願い、漁協《ぎょきょう》のおじさん」

という考えは甘《あま》かったのです。

3年生になった時、同じサケ実習の募集《ぼしゅう》がありました。たまたま2年生の希望者が少なく、3年生も参加していいと先生が言うので、謙太郎《けんたろう》くんは迷《まよ》わず手を挙《あ》げました。2年連続で参加するのは謙太郎《けんたろう》くんだけでした。この時は、仲良しの後輩《こうはい》、吉田光輔《よしだこうすけ》くんも一緒《いっしょ》でした。

現地《げんち》へ行くと、

「君、去年も来ていたね」

漁協《ぎょきょう》のおじさんが声をかけてくれました。

「覚えていてくれたんだ」

と謙太郎《けんたろう》くんはうれしくなりました。

名札を見て、

「鈴木謙太郎《すずきけんたろう》くんかあ、よろしくね」

その声をかけてくれた人こそ、のちに謙太郎《けんたろう》くんの未来を決めてくれた、当時の木戸川《きどがわ》漁協《ぎょきょう》組合長、佐藤悦男《さとうえつお》さんでした。

そして実習が終わった時、悦男《えつお》さんは、

「鈴木《すずき》くん、うちに就職《しゅうしょく》しないか?」

と声をかけました。

「え、ここ(漁協《ぎょきょう》)に?」

謙太郎《けんたろう》くんは驚《おどろ》きました。

当時、木戸川漁協《きどがわぎょきょう》の職員《しょくいん》は高齢化《こうれいか》していました。そこで世代交代のために、次年度若《わか》い職員《しょくいん》を1名採用《さいよう》したいので新人の募集《ぼしゅう》をしようと、組合長は考えていたのでした。

2年連続の実習参加と頑張《がんば》りとやる気をかわれて、謙太郎《けんたろう》くんが誘《さそ》われたのです。いきなりのドラフト1位に指名されたような、不思議な気持ちでした。

実は謙太郎《けんたろう》くんは進路を水産系《けい》の大学への進学か、あるいはいつも魚と接《せっ》していられる地元の水族館「アクアマリンふくしま」への就職《しゅうしょく》を希望していました。

しかし、大学受験するためには苦手な科目を勉強しなくてはなりません。そして何よりも、入学当時と異《こと》なり釣《つ》りばかりしていた謙太郎《けんたろう》くんの成績《せいせき》では、希望していた大学の受験は難《むずか》しいと担任《たんにん》の先生に言われてしまいました。

それもあってか、アクアマリンふくしまに強い希望を抱《いだ》いていました。この水族館ならいつも地元の魚に関わることができます。でも水族館からの関係者からは、大卒でないと就職《しゅうしょく》は難《むずか》しいとも聞いていました。アクアマリンふくしまへの就職《しゅうしょく》の想いが募《つの》っても、なかなか採用《さいよう》の返事は来ませんでした。

「もうダメかな?」

と不安になっていた時……

悦男《えつお》さんに、

「サケは夢《ゆめ》があるぞ」

と何度も口説かれ、木戸川《きどがわ》の職員《しょくいん》になることに決めたのです。

サケまみれの毎日

2000年の3月中旬《ちゅうじゅん》、卒業式が終わると同時に、

「早く来てくれ」

と悦男《えつお》さんから言われて、4月を待たずに木戸川漁業協同組合《きどがわぎょぎょうきょうどうくみあい》に就職《しゅうしょく》して社会人になりま

した。

彼《かれ》の最初の仕事はアユの中間育成事業からでした。サケとは違《ちが》い、アユの稚魚《ちぎょ》を持ってきて水槽《すいそう》で育て、大きくなったら出荷するのです。サケのように捕獲《ほかく》や採卵《さいらん》の作業はありません。

まずは当時の副組合長と一緒《いっしょ》に、餌《えさ》を保管《ほかん》する小屋作りから始めました。漁業ではなく、土木建築《けんちく》から始まったのでした。それはかなりの肉体労働でした。

そんな思い描《えが》いていたことと違《ちが》う仕事も謙太郎《けんたろう》くんは、辛《つら》いとは感じませんでした。なぜなら出勤《しゅっきん》前、昼休み、仕事後すぐに木戸川《きどがわ》で釣《つ》りができたからです。

サクラマス、ヤマメ、そしてアユ釣《つ》りまで、遊漁券《ゆうぎょけん》を購入《こうにゅう》せずに毎日釣《つ》りができるなんて、これこそ天職《てんしょく》だと感じ始めた謙太郎《けんたろう》くんでした（漁協《ぎょきょう》が管理《かんり》している川や湖では、釣《つ》りをするために許可証《きょかしょう》である遊漁券《ゆうぎょけん》を購入《こうにゅう》するために遊漁《ゆうぎょ》料を払《はら》う義務《ぎむ》があります）。

そんな風に、のん気に構《かま》えていたのですが、秋、サケの遡上《そじょう》の準備《じゅんび》が始まると毎日が一変します。

ヤナ場《ば》（捕獲《ほかく》フェンス）作り、ふ化場の準備《じゅんび》、そしてサケが上り始めると捕獲《ほかく》作業。実習でも遊びでもなく、仕事としてサケに向き合い、毎日サケを抱《だ》きかかえ、サケとともに

過《す》ごす日々《ひび》が待っていました。そんな時でも、

「この魚を釣《つ》ってみたい」

と思う気持ちは強くありましたが、網《あみ》で捕獲《ほかく》するサケの量はとても多く、釣《つ》りへの期待感をかき消すほどのものでした。

毎日毎日がサケまみれでしたが、大好きで選んだこの仕事ですから、これまた楽しくて仕方がありませんでした。

当時のふ化場長はこのルーキーに対して丁寧《ていねい》に仕事を教えてくれました。それは実習時とは全く違《ちが》う、責任感《せきにんかん》を持たせる教え方でした。

秋も深まり、気温や水温がどんどん下がってきました。それでも毎日の受精《じゅせい》作業です。採卵《さいらん》は基本《きほん》的に素手《すで》で行うので、手がしびれることもありました。魚の体温は水温と同じですから、かなり冷たかったのではないでしょうか。

サケの遡上《そじょう》が終わった冬、受精《じゅせい》した卵《たまご》が生育し、発眼《はつがん》します（卵《たまご》の中で魚らしい形ができ上がり眼《め》ができること）。

発眼《はつがん》後約１週間でふ化しますが、その時はまだお腹《なか》に卵嚢《らんのう》をつけ、そこから栄養を摂取《せっしゅ》します。人間で言えばおっぱいをもらうようなものです。この時の赤ちゃんを仔魚《しぎょ》と言い

ます。

卵嚢《らんのう》が全て吸収《きゅうしゅう》される頃《ころ》、仔魚《しぎょ》たちは泳ぎ始め、餌《えさ》を食べるようになります。その頃《ころ》、ふ化場から屋外の蓄養槽《ちくようそう》に移《うつ》すのです。泳ぎ始めた幼児《ようじ》のような魚を稚魚《ちぎょ》と呼《よ》びます。

3月下旬《げじゅん》、蓄養槽《ちくようそう》で5～7㎝ぐらいに育った稚魚《ちぎょ》を川へ放流し、サケたちは北洋へと旅立ちます。

こうしてサケを送り出した頃《ころ》、再《ふたた》びアユ育成の準備《じゅんび》が始まり、魚まみれの生活は休みなく回っていくのです。

一息つくような時、

「いつかサケ釣《つ》りができるようになったらいいな」

といつも思っていました。仕事としてサケに関わってしまった以上、いつか実現《じつげん》させたいと願うのでした。

いとおしい川、木戸川《きどがわ》

仕事が楽しくて楽しくて一生懸命《いっしょうけんめい》働いていた謙太郎《けんたろう》くんは、まだ仕事の内容《ないよう》、社会の仕組みなど、いろいろ分からない状態《じょうたい》でしたが、その頑張《がんば》り具合が認《みと》められて入社約1年半後にはサケのふ化場長に抜擢《ばってき》されました。

そして4年後にはアユの中間育成場長にもなり、ふ化蓄養施設《ちくようしせつ》を任《まか》されるようになりました。

そんな偉《えら》くなった謙太郎《けんたろう》くんを待ち受けていたのは、見学者や、視察《しさつ》に来る行政《ぎょうせい》の偉《えら》い方々《かたがた》からの質問攻《しつもんぜ》めでした。

いろんなことを質問《しつもん》され、分からないこともあったり、うまくしゃべれないこともあってけっこう落ち込《こ》んだものでした。

「え？　場長なのにこんなことも知らないのか？」

と軽蔑《けいべつ》されてはいないかと心配だったのです。今の彼《かれ》からは想像《そうぞう》もできません。

そんな時、彼《かれ》を励《はげ》ましてくれたのは、パートの女子部のスタッフたちでした。この人たちがいなかったら、謙太郎《けんたろう》くんは仕事も、男としても、人としてもうまくいかなかったことでしょう。女性スタッフたちは、とにかく全てを受け入れてくれて、謙太郎《けんたろう》くんをかばってくれました。

「うまくいかなくてさ〜。なんで俺《おれ》はこうなんだろう」

なんていうグチも真剣《しんけん》に聞いてくれて、まるで母親のように包んでくれたのです。

「そんなこと1～2年、できなくて当たり前だよ。気にすることはないよ」

「今こうして対応《たいおう》しているだけでも凄《すご》いことだよ」

「謙《けん》ちゃんに来てもらって私《わたし》たちも、木戸川漁協《きどがわぎょきょう》も助かったのよ」

「そのうち組合長も理事たちもびっくりするような立派《りっぱ》な男になるわよ」

一方、組合長の悦男《えつお》さんはサケの魅力《みりょく》をいろんな方々《かたがた》に上手に話していました。テレビ取材を一緒《いっしょ》に受けた時も、会議の時も、サケの時期にお客さんを案内する時も、いつもニコニコ流暢《りゅうちょう》に話しながら対応《たいおう》していました。サケの知識《ちしき》も経験《けいけん》も豊富《ほうふ》で、謙太郎《けんたろう》くんはいつも尊敬《そんけい》の眼差《まなざ》しで見ていました。今でもサケの時期になると、悦男《えつお》さんの声が聞こえてくるようです。

夢《ゆめ》が叶《かな》った!?　釣《つ》りができる

ふ化場長に就任《しゅうにん》して間もなく、サケの遡上《そじょう》量が増《ふ》える傾向《けいこう》にありました。ふ化事業に必要とする親魚《しんぎょ》（遡上《そじょう》した親ザケ）の数が安定して捕獲《ほかく》できるようにもなりました。

謙太郎《けんたろう》くんのふ化技術《ぎじゅつ》が優《すぐ》れていたからでしょうか。

ところが同じ頃《ころ》、ノルウェーや、チリからのサーモンと呼ばれる輸入《ゆにゅう》サケの供給《きょうきゅう》が始まり、遡上《そじょう》サケの商品価値《かち》が下がって、売れなくなってきました。サーモンとは、あの回転ずし店で並《なら》んでいる脂《あぶら》ののった養殖《ようしょく》されたサケです。

それに加えて、ふ化事業でサケ稚魚《ちぎょ》を放流するための県からの補助金《ほじょきん》が年々減《へ》らされ、漁協《ぎょきょう》の維持管理《いじかんり》が大変になってきました。

つまり経営《けいえい》が悪化し始めたのです。

組合長だった悦男《えつお》さんが、

「うちも釣獲調査《ちょうかくちょうさ》をやるか」

と言い出しました。

釣獲調査《ちょうかくちょうさ》とは、サケ有効《ゆうこう》利用事業の1つで、釣《つ》りによってサケがどれだけ釣《つ》れるかを調査《ちょうさ》することです。

一般《いっぱん》の釣《つ》りは遊漁《ゆうぎょ》と呼《よ》ばれていますが、これは調査《ちょうさ》のための釣《つ》りです。一般人《いっぱんじん》は法律《ほうりつ》で捕獲《ほかく》が禁止《きんし》されているサケを調査《ちょうさ》目的で捕獲《ほかく》します。その手段《しゅだん》が釣《つ》りというわけです。この方法なら一般人《いっぱんじん》も知事認可《にんか》を取るために登録し、釣《つ》りに参加させることができるのです。遊漁料《ゆうぎょ》の代わりに調査《ちょうさ》参加費を払《はら》って、釣《つ》り人《びと》は調査員《ちょうさいん》としてサケを合法的に釣《つ》ることができる仕組みです。法律《ほうりつ》にふれないための苦肉の策《さく》とも言えましょう。

釣獲調査《ちょうかくちょうさ》は北海道の忠類川《ちゅうるいがわ》が日本で初めて1995年に開始し、多くの釣《つ》り人《びと》が東京や大阪《おおさか》など遠方から参加したために、現地《げんち》の観光振興《しんこう》にも繋《つな》がりました。観光シーズンとしては閑散期《かんさんき》の晩秋《ばんしゅう》、宿泊施設《しゅくはくしせつ》はいつも満室になりました。コンビニなどの売り上げも急増《きゅうぞう》し、マスコミの取材も殺到《さっとう》しました。

その様子を見て、その後いくつかの川の漁協《ぎょきょう》がこの策《さく》に踏《ふ》み切りました。

悦男《えつお》さんはこのニュースを聞いていて、以前から本州の太平洋側で一番最初にやってみたいという強い思いを持っていました。謙太郎《けんたろう》くんが就職《しゅうしょく》してきた時に相談しようとしていましたが、釣《つ》りに夢中《むちゅう》で、仕事を覚える前の謙太郎《けんたろう》くんには理解《りかい》できないだろうと、内緒《ないしょ》にしていたらしいのです。へたに伝えて舞《ま》い上がってしまったら大変ですからね。

悦男《えつお》さんが、

「やろう」

と提案《ていあん》した時、

「それは素晴《すば》らしい！　観光客もたくさん来るようになるぞ！」

と謙太郎《けんたろう》くんは思いました。楢葉町《ならはまち》としても観光資源《しげん》に大きく期待していました。

しかし漁協《ぎょきょう》の幹部《かんぶ》の反対が強烈《きょうれつ》でした。

「釣《つ》り人《びと》が川に入ってサケを脅《おど》かすと遡上《そじょう》の妨《さまた》げになるじゃないか」

「釣《つ》り人《びと》がいたら網《あみ》が引けないじゃないか」

というのがその理由で、漁協《ぎょきょう》の理事９名中、３名しか賛成《さんせい》しませんでした。

当時活躍《かつやく》していた悦男《えつお》さんへの反発も当然ありました。

それを乗り越《こ》えるため、悦男《えつお》さんのみならず、楢葉町《ならはまち》の産業振興課《しんこうか》の課長も頑張《がんば》ってくれました。ところが実はその時、課長はサケのことは詳《くわ》しくありませんでした。ましてサケ釣《つ》りのことは全く知りませんでした。そこで謙太郎《けんたろう》くんが先駆者《せんくしゃ》である忠類川《ちゅうるいがわ》で撮影《さつえい》されたビデオや、釣《つ》り雑誌《ざっし》の記事を見せて説明し、その面白さや地域振興効果《ちいきしんこうこうか》を力説しました。

もちろん謙太郎《けんたろう》くんの心の中には、それまでずっと願っていたサケ釣《つ》りを早く木戸川《きどがわ》で行いたいという思いが強くありました。

謙太郎《けんたろう》くんの力説を聞いた町の職員《しょくいん》や役員は、

「サケって、本当に釣《つ》れるの？」

と半信半疑《はんしんはんぎ》です。

謙太郎《けんたろう》くんは忠類川《ちゅうるいがわ》の例や海外の例も持ち出し、説得を続けました。また当時の理事たちは新しいことを始めたくないようで、

「誰《だれ》が管理業務《かんりぎょうむ》をやるんだよ？」

「お客さん来なかったらどうするの？」

「失敗したら誰《だれ》が責任《せきにん》取るの？」

など反論《はんろん》し、かたくなに反対してきました。

でも、

「じゃあ、売り上げを確保《かくほ》するためにはどんな手段《しゅだん》があるのか教えてくれ！」

と悦男《えつお》さんが聞いても、誰《だれ》も答えられません。

このままでは、どんどん売り上げが落ちてしまいます。

「これをやらないと漁協《ぎょきょう》がダメになる」

悦男《えつお》さんは心配していたのでした。

結果、無事に反対する理事たちを強引に説得でき、県に許可《きょか》をもらって「木戸川《きどがわ》サケ有《ゆう》

効《こう》利用釣獲調査《ちょうかくちょうさ》」が２００３年に始まりました。

川の規模《きぼ》から、１日50人が限界《げんかい》だろうと想定しました。果たして満員になるほどお客さんは来てくれるのでしょうか？　しかし、一般公募《いっぱんこうぼ》すると申し込《こ》みが予想以上に殺到《さっとう》し、驚《おどろ》きました。休日には50人募集《ぼしゅう》のところへ３００人以上の人が申し込《こ》んできたのです。

当時としては夢《ゆめ》のサケ釣《つ》りです。それが福島県《ふくしまけん》でできることで注目を浴びたのでした。東京都内からでも夜行日帰りが可能《かのう》な場所でサケ釣《つ》りができる、という噂《うわさ》はすぐに広まったわけです。

不公平が起こらないように抽選《ちゅうせん》で参加者選抜《せんばつ》になりました。申し込《こ》みは郵便《ゆうびん》でのみ行っていましたが、当選確率《かくりつ》を上げるために何枚《まい》もハガキを出してくれる人もいました。気持ちは分かりましたが、１枚《まい》のみ有効《ゆうこう》受付で抽選《ちゅうせん》を行ったのです。

反対していた理事たちのさらなる反感を買わないために、またサケ漁の邪魔《じゃま》にならないように、ヤナ場《ば》の近くや川に入ったばかりのサケが休憩《きゅうけい》する河口《かこう》付近では釣《つ》りができないようにもしました。

調査《ちょうさ》時間は朝7時から午後2時までの7時間に設定《せってい》しました。調査《ちょうさ》が終わった後に網《あみ》で捕獲《ほかく》するためです。毎日、多い時では何千という数のサケが川を上るので、釣《つ》りだけに頼《たよ》っていると採卵《さいらん》に使うサケの確保《かくほ》ができないからです。

釣《つ》ったサケは検量《けんりょう》するので持ち帰れません。全て組合員が回収《かいしゅう》し、重さを測《はか》り、オスが何匹《びき》でメスが何匹《びき》でとデータを取ります。その代わりに参加者には調査終了《ちょうさしゅうりょう》後1人2尾《び》ずつお土産《みやげ》で渡《わた》すようにしました。お弁当《べんとう》も出しましたが、参加者は釣《つ》りに夢中《むちゅう》でお昼に食べる人は皆無《かいむ》でした。

実際《じっさい》に始まった時、サケを釣《つ》って喜んでいるお客さん（調査員《ちょうさいん》）の姿《すがた》を見て、

「やってよかった」

と謙太郎《けんたろう》くんと悦男《えつお》さんは一緒《いっしょ》に感動しました。

中には涙《なみだ》を流して喜んでいる参加者もいたほどです。

「俺《おれ》さ、釣《つ》りを始めた時からサケに憧《あこが》れててさ、アラスカやカナダに行きたかったんだよ。でもね、費用と時間もかかるし、夢《ゆめ》の夢《ゆめ》かと思っていたら、ここで釣《つ》れちゃうなんて、本当に信じられないよ」

と感激《かんげき》をあらわにする人。

「木戸川《きどがわ》のサケはフライ（毛針《けばり》）でも釣《つ》りやすいね。他の川じゃこうはいかないよ」

とサケそのものを褒《ほ》めてくれる人もいました。

そして参加者にお土産《みやげ》として渡《わた》したサケを食べ、

「美味《おい》しかったから今度は買いに来たよ」

という方もたくさん現《あらわ》れました。釣《つ》りはしなくてもサケの遡上《そじょう》を見たり、釣《つ》りをしている人の姿《すがた》を見ることによって、サーモンウオッチングを楽しんでくれたのです。

釣《つ》りを始める前も見物客はいましたが、それほど多くはなかったと謙太郎《けんたろう》くんは記憶《きおく》していました。

しかし、テレビや新聞の取材も連日続き、全国で放送され、サケ釣《つ》りを行《おこな》ったことで間《ま》違《ちが》いなく木戸川《きどがわ》の知名度が上がったのです。

釣《つ》りをしない人でも、

「楢葉町《ならはまち》は知らないけど、木戸川《きどがわ》は知っているよ」

という人が多くいます。サケ釣《つ》りができる川として報道《ほうどう》されていますから、そういう人も増《ふ》えてきたのです。

一番喜んだのは悦男《えつお》さんでした。

「強引に話を進めて良かった。鈴木《すずき》くん、いろいろ手伝ってくれてありがとう」

悦男《えつお》さんは心から謙太郎《けんたろう》くんに感謝《かんしゃ》の意を表《ひょう》したのです。

「これで俺《おれ》も安心して交代できるな」

釣獲調査《ちょうかくちょうさ》が始まった翌年《よくねん》（２００４年）。順調に進んでいるこの事業の成功を確認《かくにん》し、自分はもう高齢《こうれい》だからと言って、悦男《えつお》さんは33年間続けた組合長をリタイヤしました。

それから5年後の２００９年、謙太郎《けんたろう》くんは小、中学校時代の親しい同級生から紹介《しょうかい》してもらった麻美《あさみ》さんとめでたく結婚《けっこん》しました。

憧《あこが》れの人に会えた

釣獲調査《ちょうかくちょうさ》には様々《さまざま》な人がやってきました。多くのマスコミを筆頭に、釣《つ》り業界の有名人、テレビ撮影《さつえい》に来る芸能人《げいのうじん》や著名人《ちょめいじん》、木戸川《きどがわ》がただサケを漁獲《ぎょかく》するだけで釣獲調査《ちょうかくちょうさ》をしていなかったら、絶対《ぜったい》に来てくれない方々《かたがた》が数多く来てくれました。

ある年、アユの取引先である林《はやし》養魚場の林総一郎《はやしそういちろう》副社長（当時）と一緒《いっしょ》に、奥山文弥《おくやまふみや》さんが参加してくれました。

謙太郎《けんたろう》くんは少年時代、奥山《おくやま》さんの出演《しゅつえん》するテレビ番組や彼《かれ》の書いた記事を読み、憧《あこが》れていました。将来《しょうらい》は魚関係の大学に進学し、奥山《おくやま》さんと同じような魚類ジャーナリストの道を歩んでみたいと思ったこともありました。

奥山《おくやま》さんが恩師《おんし》の井田齊《いだひとし》先生と一緒《いっしょ》に書いた『サケ・マス魚類のわかる本』は、本屋で立ち読みしたあと即買《そくが》いし、熟読《じゅくどく》して勉強しました。その本は彼《かれ》が持っていたサケの知識《ちしき》に衝撃《しょうげき》を与《あた》えました。日本国内のみならず世界各国のサケマスが紹介《しょうかい》され、取材されていました。自分の知識《ちしき》は福島《ふくしま》のサケだけでしたから、見識《けんしき》の狭《せま》さを痛感《つうかん》しました。その著者《ちょしゃ》がここに来ているのです。サケ釣《つ》りを始めなかったらまず会えなかったでしょう。

また謙太郎《けんたろう》くんは、少年時代にテレビで観た、また小説で読んだアラスカやカナダのダイナミックなサケ釣《つ》りを木戸川《きどがわ》で展開《てんかい》したいと思っていました。

広大な原野、周りは全て原生林。そこに流れる川に大量のサケが上ってくる。その姿《すがた》は美しく、しかも大きい。見渡《みわた》すかぎり他の釣《つ》り人《びと》はいない。そう、人よりも圧倒《あっとう》的に魚の数が多いのだ。焦《あせ》ることはない。ゆっくりと過《す》ぎゆく時間を楽しめばいい……そんな豊《ゆた》かな心で挑《いど》む釣《つ》りをイメージしていました。

しかし関東地方から近いこの川に、想像《そうぞう》以上に多くの人が集まってきました。700mの区間に50人入ります。でも全員を満足させるのに、川は狭《せま》かったのかもしれません。時には人と人との釣《つ》り競争になり、サケの遡上《そじょう》を見て癒《い》やされながらのんびりと釣《つ》りを楽しむというようには、いかなかったみたいです。

その後付き合いが始まった奥山《おくやま》さんは、アラスカやカナダでの釣《つ》り経験《けいけん》が豊《ゆた》かです。謙《けん》太郎《たろう》くんにこの規模《きぼ》での理想的な運営《うんえい》の仕方も教えてくれました。しかし、法律《ほうりつ》で縛《しば》られた調査《ちょうさ》捕獲《ほかく》ですから、理想に近づけることは難《むずか》しかったようです。漁協《ぎょきょう》が参加者のためにこうしたいと県に申請《しんせい》しても、県の担当者《たんとうしゃ》はなかなか首を縦《たて》に振《ふ》ってくれなかったのです。

特殊《とくしゅ》だと言われた木戸《きど》ザケ

木戸川《きどがわ》に人気が集まった理由の1つに、よく釣《つ》れることが挙げられます。

「サケがたくさんいるから?」

いいえ違《ちが》います。

ここでサケのことを学んでおきましょう。

サケの仲間にはいろんな種類があり、木戸川《きどがわ》をはじめとする日本の代表的なサケは、シロザケという種類です。

北海道にはカラフトマスという、海で育つマスがいて、サケマス増殖《ぞうしょく》河川《かせん》という場合のサケマスとは、シロザケとカラフトマスをさすのが一般的《いっぱん》です。さらにマスにはサクラマスという、渓流《けいりゅう》に棲《す》むヤマメが海に降《くだ》って大きく成長する魚がいて、それを含《ふく》む場合もあります。カラフトマスもサクラマスもマスと呼《よ》ばれていますが、サケの仲間です。ちなみに、釣《つ》り堀《ぼり》で親しみのあるニジマスもサケの仲間なのですよ。

サケの仲間は海で大きく成長し、産卵《さんらん》をするために生まれた川に帰ってきます。もともとは白身の魚ですが、海で甲殻類《こうかくるい》（エビやカニの仲間）をたくさん食べると身が赤くなります。これがサーモンピンクと呼《よ》ばれる鮮《あざ》やかな色です。

川に上る直前までに、海で十分な栄養を体に蓄《たくわ》えます。だから川に入ったら何も食べなくても産卵《さんらん》するまで生きていけるのです。産卵《さんらん》が近くなると栄養をどんどん卵《たまご》に取られていくので、赤い身も徐々《じょじょ》に白くなっていきます。

産卵《さんらん》後は、そのまま力尽《つ》きて、全ての親は死んでしまいます。大量にサケが上る川では、その死骸《しがい》が川の中にたくさん転がっていますが、やがて腐《くさ》って、川の栄養になります。その栄養で川の中の植物、小動物などが繁殖《はんしょく》し、生まれてきたサケの稚魚《ちぎょ》の食べ物になるのです。

一方、野生動物がいる川では、サケを食べるために、キツネやクマなどが捕獲《ほかく》したサケを森の中へ持ち込《こ》みます。食い散らかされて残ったサケの死骸《しがい》は森の樹木《じゅもく》の栄養になるのです。自然界の食べ物の関係を食物連鎖《しょくもつれんさ》と言いますが、死んだサケの体も、その鎖《くさり》の中に入っているのです。

川に入ったら餌《えさ》を食べないサケがどうして釣《つ》れるのか？　なぜハリにかかるのでしょうか？　考えられる理由はいくつかありますが、目の前にくる餌《えさ》やルアーに反射的《はんしゃ》に食いついてしまうという説が一番納得《なっとく》できる理由です。

そして、産卵《さんらん》を邪魔《じゃま》する敵《てき》として攻撃《こうげき》するために食いつくという説もあります。しかし、ほとんどのサケはそれらに反応《はんのう》せず無視《むし》します。だからなかなか釣《つ》れないのです。

「こんなにいるのになんで釣《つ》れないの？」

そういう話はよく聞きます。

サケ釣《つ》りに来る人の中には、食いついてきて釣《つ》れるサケでなくても、体のどこかにハリが引っかかるファールフック（口以外の場所にハリがかかること）でもいいから釣《つ》りたいと、泳いでいるサケめがけて一生懸命《いっしょうけんめい》ハリのついた仕掛《しか》けを投げ込《こ》む人もいるのです。

しかし木戸川《きどがわ》のサケは違《ちが》います。川に入っても餌《えさ》に食いつき、果敢《かかん》にルアーにアタックします。時には何メートルもルアーを追いかけてくるのです。

それで、

「木戸川《きどがわ》のサケは性格が攻撃的《こうげき》で、やる気満々《まんまん》。かかればいいファイトをする」

と評価《ひょうか》が高いのです。

こんな素晴《すば》らしいサケを、他の川のサケと区別して、

「木戸《きど》ザケ」

と呼《よ》ぶ人もいるほどです。

そして木戸《きど》ザケの最大の特徴《とくちょう》は、身が赤くて美味《おい》しいこと。川に上り、卵《たまご》をいっぱい持った成熟《せいじゅく》したサケでも身が白くならず赤いのです。だから美味《おい》しいのです。この赤みが、サケの栄養や遡上《そじょう》するためのエネルギーの元手だとも言われています。

木戸《きど》ザケは他の川のサケよりも、より多くの栄養を蓄《たくわ》えて川を上るために、ハリに食いつくほど攻撃《こうげき》的で、産卵《さんらん》直前でも身が赤く美味《おい》しいのではないかと考えられます。

この事実も、釣獲調査《ちょうかくちょうさ》が始まり、サケが釣《つ》りやすいことが明らかになったことから分かったことです。釣《つ》りをしていなければ、サケの性格までは分かりませんからね。

釣《つ》りに来た人々《ひとびと》が異口同音《いくどうおん》に、

「木戸川《きどがわ》のサケはすごいぞ、釣《つ》れるぞ、美味《おい》しいぞ」

という噂《うわさ》を広めてくれて、さらにマスコミも取り上げてくれたからこそ、この福島県《ふくしまけん》の小さな町を流れる川が全国的に有名になったのです。

吉田光輔《よしだこうすけ》という後輩《こうはい》

謙太郎《けんたろう》くんが高校3年生の時は、就職活動《しゅうしょくかつどう》の第1希望だった水族館、アクアマリンふくしまでは高卒採用《さいよう》はありませんでした。

当時、仲良しの後輩《こうはい》で、弟のように可愛《かわい》がっていた吉田光輔《よしだこうすけ》くんも、水産関係の仕事に就《つ》きたいと考えていました。

彼《かれ》も3年になり、就職活動《しゅうしょくかつどう》が始まりました。

謙太郎《けんたろう》くんの木戸川漁協《きどがわぎょきょう》での活躍《かつやく》を見て、

「僕《ぼく》も同じ職場《しょくば》に行きたい」

と木戸川《きどがわ》に面接《めんせつ》に行きました。組合長の悦男《えつお》さんは熱心な光輔《こうすけ》くんもほしかったのですが、当時の漁協《ぎょきょう》の財政事情《ざいせいじじょう》では、翌年《よくねん》もう1人の新卒を採用《さいよう》することは無理だったようです。

光輔《こうすけ》くんが就職《しゅうしょく》に迷《まよ》っている時、アクアマリンふくしまが募集《ぼしゅう》を開始しました。

安倍義孝《あべよしたか》館長が、

「今年は地元の若《わか》いスタッフを採用《さいよう》したい」

と言い、いわき海星高校にもその話が来たそうです。高校と水族館は、前年度謙太郎《けんたろう》くんの就職《しゅうしょく》の話で繋《つな》がりができていました。

高校からは、

「うちにいい生徒がいるよ」

ということで光輔《こうすけ》くんが推薦《すいせん》され、水族館から直々《じきじき》に、

「うちに就職《しゅうしょく》しませんか？」

と光輔《こうすけ》くんにお誘《さそ》いがあったそうです。

謙太郎《けんたろう》くんと光輔《こうすけ》くんは高校でも有名な釣《つ》りコンビでした。そして釣《つ》り好きが高《こう》じ、魚の知識《ちしき》も豊富《ほうふ》になり、先生たちからも生徒たちからも魚博士として知られていたのです。

謙太郎《けんたろう》くんが在校《ざいこう》中はお互《たが》いに、

「俺《おれ》の方が魚知識《ちしき》がすごいのだ」

と1位、2位を争うほどでした。

謙太郎《けんたろう》くんとは逆《ぎゃく》の希望になってしまい、水族館に入った光輔《こうすけ》くん。ここで仕事を始め

てからも、ずっと先輩《せんぱい》の謙太郎《けんたろう》くんと一緒《いっしょ》に仕事をしたいと考えていました。そこで木戸《きど》川《がわ》との共同企画《きかく》を提案《ていあん》しました。大好きなサケをいつも見ていたいということもあり、なんとかサケを水族館で展示《てんじ》できないだろうかという企画《きかく》です。

その考えはとてもいいのですが、法律的《ほうりつてき》な壁《かべ》もあり、簡単《かんたん》にはいきませんでした。しかし謙太郎《けんたろう》くんが弟分でもある後輩《こうはい》への気配りで努力し、実現《じつげん》しました。

サケの釣獲調査《ちょうかくちょうさ》はサケ資源《しげん》の有効《ゆうこう》利用目的です。水族館での展示《てんじ》がその理由づけになるということで県に申請《しんせい》し、捕獲展示許可《ほかくてんじきょか》が下りたのです。

こうして川に上ったサケを捕獲《ほかく》し、アクアマリンふくしまにある大型水槽《すいそう》の1つ「親潮《おやしお》水槽《すいそう》」に入れ、誰《だれ》でもサケが見られるようになりました。

光輔《こうすけ》くんもサケ釣獲調査《ちょうかくちょうさ》が始まることを喜んでいました。漁協《ぎょきょう》のお手伝いもしながら、自らサケをルアーで釣《つ》りました。そして、その強い引きに感動し、

「木戸川《きどがわ》のサケは本当に素晴《すば》らしい。これも謙太郎先輩《けんたろうせんぱい》との絆《きずな》の証《あかし》だ」

と心から感謝《かんしゃ》したのです。

第2章

混乱の中で……

木戸川漁協がどんな被害を受けたのか

●地震●津波●救援活動●先が見えない日々
●木戸川に残る●漁協崩壊●サケは帰ってきていたけれど
●2012年夏、やっと立ち入り禁止解除
●放射能の基礎知識

地震《じしん》

木戸《きど》川漁協《がわぎょきょう》ではアユの中間育成やサケの増殖事業《ぞうしょくじぎょう》の他に、川にイワナやヤマメを放流し、釣《つ》り人《びと》に釣《つ》ってもらうという事業もしています。

２０１１年も４月１日に渓流釣《けいりゅうづ》りが解禁《かいきん》するので、その準備《じゅんび》での放流もすでに終わっていました。解禁《かいきん》すれば県内外からの多くの釣《つ》り人《びと》が来て賑《にぎ》わうだろうと楽しみです。その直後からサケの稚魚《ちぎょ》放流も少しずつ始まりました。

３月11日の午前中は仕事をし、その後は組合の事務所《じむしょ》で女性《じょせい》スタッフたちとお茶を飲みながら雑談《ざつだん》していました。

「謙《けん》ちゃん、ちゃんと子育てしてる？」

「一緒《いっしょ》にお風呂《ふろ》入ってるかい？」

そうです。８か月前に遡《さかのぼ》りますが、２０１０年の７月、長男海翔《かいと》くんが誕生《たんじょう》したのです。その秋からのサケのシーズンは、父親になったばかりで、ますます人生も充実《じゅうじつ》し、仕事をてきぱきとこなしていました。

子どもの話をするとうれしくなるのが親です。

「まあまあ、そろそろやんちゃなそぶりも見せてますよ」

と親バカな返事をしていました。

早めに奥《おく》さんの麻美《あさみ》さんが作った愛妻弁当《あいさいべんとう》を食べ終わり、周辺の漁協《ぎょきょう》組合長が集まる午後一の会議に出るべく出発。木戸川《きどがわ》漁協《ぎょきょう》の組合長も一緒《いっしょ》でしたが、車は別々《べつべつ》でした。謙太《けんた》郎《ろう》くんは、必要な内容《ないよう》だけ聞いて早めに退出《たいしゅつ》し、先に帰るためです。案の定、謙太郎《けんたろう》くんが聞いておかなければならない議題はすぐに終わり、帰路につきました。

午後2時46分、国道6号線を南下し、井出川《いでがわ》の橋を渡《わた》った時、前を走る車が急ブレーキを踏《ふ》みました。

「なんだよ、この車。危《あぶ》ないな」

と驚《おどろ》きながら、謙太郎《けんたろう》くんもブレーキをかけ、ギリギリでぶつからずにストップ。携帯電《けいたいでん》話《わ》のアラームが鳴ったと同時に、お尻《しり》の下からドーンと突《つ》き上げるような揺《ゆ》れを感じ、

「なんだ、なんだ」

「地震《じしん》？」

「何かが爆発《ばくはつ》した？」

と思うや否《いな》や、

グラグラグラ…………！

大きな揺《ゆ》れが続いて来ました。それは非常《ひじょう》に大きな揺《ゆ》れで、車の中にいた謙太郎《けんたろう》くんはまるでジェットコースターに乗っているかのごとく左右に揺《ゆ》られました。

今まで経験《けいけん》したことがないほどの強さです。謙太郎《けんたろう》くんは動けませんでした。車の中で耐《た》えるだけでした。

周りを見ると電柱はぐらぐら揺《ゆ》れ、近くの山からは砂《すな》が舞《ま》い上がっていました。さっきのアラームは地震警報《じしんけいほう》だったのです。前を走る車の方が先にそれを傍受《ぼうじゅ》し、慌《あわ》ててブレーキをかけたのでしょう。

やっと大きな揺《ゆ》れが収《おさ》まり、周りの人々《ひとびと》が車から降《お》りてきてざわついている時、またアラームがなりました。

今度は養魚場の緊急警告《きんきゅうけいこく》です。電気がストップして養魚池のポンプと水車が止まったという連絡《れんらく》です。

一大事です。

「魚が死んでしまう」

謙太郎《けんたろう》くんは車から降《お》りるのをやめ、そのまま漁協《ぎょきょう》に向かいました。急停車した車と外に出てきた慌《あわ》てる人々《ひとびと》を避《さ》けながら、途中《とちゅう》の段差《だんさ》や飛び出したマンホールを避《さ》けながら、倒《たお》れた壁《かべ》を避《さ》けながら、ようやく漁協《ぎょきょう》に着きました。

スタッフがみんな外の養魚池に集まっていました。緊急《きんきゅう》用の発電機があったので、アユの酸素《さんそ》供給《きょうきゅう》用水車は一旦《いったん》停止したものの、また回り始めていました。

サケの方は、ポンプは動いていたのですが、水を注入する土中の配管が割《わ》れたみたいで、泥水《どろみず》が流れ込《こ》んでいました。おまけにサケ水槽《すいそう》は地震《じしん》で地盤沈下《じばんちんか》したようで、縁《ふち》が少し低くなっていました。

また大きな揺《ゆ》れが来ました。

「うわあ～」

「きゃ～」

スタッフたちはおのおのに悲鳴をあげ、養魚場のフェンスにしがみつきました。

事務所《じむしょ》ではすでに本棚《ほんだな》が倒《たお》れ、隣《となり》の物置の棚《たな》にあったものもかなり放り出されていました。ガラスも割《わ》れて揺《ゆ》れるたびにあちこちでガシャーン、と音を立てていました。

余震《よしん》は何回も続きました。あまりにもひどいのでスタッフの家も心配です。

組合長もいないのでここは謙太郎《けんたろう》くんが仕切るしかありません。

「皆《みな》さん、一回家に帰って被害《ひがい》をチェックして、それからまた来てください」

スタッフが車に乗り帰宅《きたく》するのを見送った後、急に思い出したかのように自宅《じたく》へ電話をかけました。

しかし、「ただいま電話が大変混《こ》んでいます」の返事。この緊急《きんきゅう》時に爽《さわ》やかな女性《じょせい》の声での応答《おうとう》でした。数回試しましたが繋《つな》がりません。

自転車で通っていた女性《じょせい》スタッフが帰ろうとした時には、

「自転車だと危《あぶ》ないから僕《ぼく》が送っていきますよ」

と車で町中《まちなか》の自宅《じたく》まで女性《じょせい》スタッフを送っていきました。

各所が地震《じしん》で壊《こわ》されていました。一番目立ったのはマンホールが飛び出していることです。そして道路に段差《だんさ》ができていること。また、塀《へい》が崩《くず》れたり、倒《たお》れていることでした。

普通《ふつう》なら5分で行けるところが10分以上かかりました。

麻美《あさみ》さんへの携帯《けいたい》に電話を試みましたが……ダメでした。ここでまた緊急事態《きんきゅうじたい》に気がつきました。車のガソリンがほとんどありません。アラームランプがつきっぱなしになっていました。

あと10㎞走れるかどうかです。

楢葉町《ならはまち》内のガソリンスタンドへ行くと、ガラスが割《わ》れてスタンド内に散乱《さんらん》し、スタッフが片付《かたづ》けをしていました。

「よかった、営業《えいぎょう》している」

と思って聞いてみると、地震《じしん》の大きな揺《ゆ》れでガソリンの供給《きょうきゅう》システムに自動ロックがかかり、給油ができないと言われました。

ロック解除《かいじょ》は自分たちではできないというので、仕方なく2軒目《けんめ》に。こちらのスタンドも悲惨《ひさん》な状況《じょうきょう》でした。ガラスが飛散し、天井《てんじょう》が少し剥《は》がれ落ちていました。

スタッフが出てきて、

「申し訳《わけ》ないです。自動ロックがかかっちゃってダメなんです」

「あ、ここもか、仕方がないな」

と諦《あきら》めかけた時、

「でもね」

とスタッフが続けます。

「あっちのセルフは使えるんですけど、これじゃね」

そのセルフ給油機の方を見ると、ガラスが飛散して、車で入っていくのがためらわれそうな状態《じょうたい》です。しかし背《せ》に腹《はら》は代えられません。

「それでも結構《けっこう》です、ありがとう」

謙太郎《けんたろう》くんの車が4輪駆動《くどう》であったことと、このガラスの上をバリバリと音を立てながら進んでいけたこととの関連性《かんれんせい》は分かりませんが、セルフ給油機にたどり着き、ガソリンを満タンにしました。

津波《つなみ》

スタッフを送りに出発してから漁協《ぎょきょう》に戻《もど》ってくるまでの時間は何分ぐらいだったでしょうか？　30分、いや1時間以上かかっていたかのようにも感じました。木戸橋《きどばし》から右岸を土手沿《ぞ》いに走ると漁協事務所《ぎょきょうじむしょ》です。川をのぞいたら、水位は普通《ふつう》に見えました。もしかしたらやや水が多かったぐらいだったでしょうか。

「満潮《まんちょう》ならこれぐらいになるかな」

と気にしませんでした。

河口《かこう》に近い場所では、潮《しお》の干満《かんまん》で水位が上下するのです。

この地震《じしん》の前日にも、規模《きぼ》は小さかったのですが、地震《じしん》がありました。その時に津波警《つなみけい》報《ほう》が出ていたのですが、津波《つなみ》は来ませんでした。今度の地震《じしん》は前日より大きいので、

「もしかしたら来るかもしれない」

という警戒心《けいかいしん》だけは、謙太郎《けんたろう》くんも持っていました。

養殖池《ようしょくいけ》をチェックする前に、もう1度家族への電話を試みましたが繋《つな》がりませんでした。

アユ池の水車は正常《せいじょう》でしたが、魚たちの動きはおかしく、周りを見ると、驚《おどろ》いてジャンプし飛び出した魚もいました。度重なる地震《じしん》の揺《ゆ》れでたぷんたぷんと波打ち、その勢《いきお》いで飛び出していた魚もいたのでしょう。

「発電機の燃料《ねんりょう》を足せば大丈夫《だいじょうぶ》かな」

と、ここは一安心。

それよりサケです。飼育水槽《しいくすいそう》に泥水《どろみず》が入ったうえに水が減《へ》っています。

「どう対応《たいおう》したらいいのかな」

と考えながら事務所《じむしょ》に戻《もど》ってみると、地震《じしん》の揺《ゆ》れで物が散乱《さんらん》し、入れる状態《じょうたい》ではありません。

「こりゃ片付《かたづ》けるのが大変だな」

と思いました。

余震《よしん》も続いていて、大きな揺《ゆ》れがまた来ました。気になってもう1度川へ出てみました。川がゴーッと音を立てていました。

「あれ、少し水が減《へ》ったかな？」

謙太郎《けんたろう》くんがさっき見た水量より、心持ち減《へ》っているような気がしました。そのまま見ていると、川の水はさらに減《へ》っていきました。

「なんだか変だな」

と思って写真を撮《と》りました。津波《つなみ》が来るかもしれないという恐怖《きょうふ》より、この状態《じょうたい》を記録しておかなくてはいけないと思ったからです
下流を見てみました。河口《かこう》の水はなくなっていました。海岸を見ると、そこの水もなくなっていて、一部海底が露出《ろしゅつ》しています。

そして沖《おき》を見ると、水平線上に白い壁《かべ》ができあがっていました。

「なんだあれは？」

と考えるより先に、

「津波《つなみ》だ」

とすぐに気づいた謙太郎《けんたろう》くんは、

「こりゃまずい、逃《に》げなきゃ」

と車に飛び乗り、今来た道を戻《もど》り、漁協《ぎょきょう》を越《こ》え、木戸橋《きどばし》を渡《わた》って、天神岬《てんじんみさき》の丘《おか》へ上がろうとしました。

この判断《はんだん》は間違《まちが》っていませんでした。坂を登っている途中《とちゅう》、林の隙間《すきま》から見える河口《かこう》にちょうど津波《つなみ》が差しかかるところでした。

その波の高さを見て、

「すげえ！」

と驚《おどろ》くと同時に、

「間に合った」

とホッとしました。

ふと海岸線近くの民家に目が行き、

「あの家の人は避難《ひなん》したのだろうか？」

と心配になりました。津波《つなみ》がどんどん押《お》し寄《よ》せます。

「嘘《うそ》だろ！」

そう思いました。

映画《えいが》を観《み》ているわけではないのです。本物の津波《つなみ》です。津波《つなみ》が川の中に入り、同時にその先では海岸線にある防風林《ぼうふうりん》を越《こ》え、そこにあった数軒《すうけん》の民家を飲み込《こ》みました。

「やめてくれ！」

車を降《お》りた謙太郎《けんたろう》くんは叫《さけ》びました。まさに津波《つなみ》が押し寄せています。津波《つなみ》が漁協《ぎょきょう》の事《じ》務所《むしょ》へと迫《せま》っています。津波《つなみ》は特に川の中を勢《いきお》い良く上っていきます。川の左岸、つまり手前側の漁協《ぎょきょう》の事務所《じむしょ》よりやや下流にある民家も濁流《だくりゅう》に飲まれました。

「やめてくれ！　頼《たの》む！」

何度願っても津波《つなみ》は止まるわけもなく、そのまま漁協《ぎょきょう》の事務所《じむしょ》に襲《おそ》いかかりました。海水は漁協《ぎょきょう》のちょっと上流まで押し寄せ、しばらく周辺の田んぼが冠水《かんすい》した状態《じょうたい》になりました。

そこで再《ふた》び車に乗り、天神岬《てんじんみさき》の展望台《てんぼうだい》広場に向かいました。そこには30人ほどの人が避《ひ》難《なん》しに来ていました。知り合いの矢内芳一《やないよしいち》さんも来ていました。矢内《やない》さんは津波《つなみ》の様子をビデオに収めたそうです。

津波《つなみ》に民家が飲み込《こ》まれたこと、みんな避難《ひなん》したのかどうかということを、そこにいた人々《ひとびと》が心配していました。

矢内《やない》さんの話では、津波《つなみ》がまさに押し寄せている時、川沿《ぞ》いの道、つまりさっき謙太郎《けんたろう》くんが車を走らせて逃《に》げてきた漁協《ぎょきょう》からの道を1台の軽トラックが走っていたそうです。謙太郎《けんたろう》くんはそのトラックが走っているのは気づきませんでしたが、ちょうど謙太郎《けんたろう》くんが坂を登って車を止めた頃《ころ》の時間です。

みんなで、

「逃《に》げろ〜！」

「早く！」

「津波《つなみ》だぞ〜！」

大騒《おおさわ》ぎして、見守ったそうでしたが、その軽トラックの向かう先が展望台《てんぼうだい》からは見えずにみんながどうなったんだろうと、心配していました。あとで無事だったことが分かりましたが、その運転手は木戸川漁協《きどがわぎょきょう》の役員さんでした。

「プルルル……」

突然謙太郎《けんたろう》くんの携帯電話《けいたいでんわ》が鳴りました。着信の画面を見ると、奥《おく》さんの麻美《あさみ》さんのお

婆《ばあ》さんからのものでした。

出てみると相手は麻美《あさみ》さんでした。

「大丈夫《だいじょうぶ》、俺《おれ》は無事だから」

そう伝えると、涙声《なみだごえ》で、

「よかった、よかった、今日は早く帰ってきてね。こっちも大変なんだから」

と言われました。

麻美《あさみ》さんも謙太郎《けんたろう》くん同様、夫のことが心配でした。何度も何度も自分の携帯《けいたい》から、自《じ》宅《たく》から、かけようとしましたが繋《つな》がりませんでした。自分の実家に帰った時、お婆《ばあ》さんの携帯電話《けいたいでんわ》が古いものだと思い出し、それでかけたら繋《つな》がったそうです。

お婆《ばあ》さんが、FOMA《フォーマ》より古い、MOVA《ムーバ》という携帯電話《けいたいでんわ》を使っていたのが幸いしました。その間に満水状態《じょうたい》になっていた海水がゆっくり引き始めました。

引き波です。彼《かれ》も初めて見たのですが、引き波の方が、流れが強いように感じました。

寄せ波で壊《こわ》していったものを、さらに砕《くだ》きながら引いていきます。そして沖《おき》へと運んでいきます。

引き波が終わった頃《ころ》、木戸川河口《きどがわかこう》周辺の海底が見事に露出《ろしゅつ》されました。最初に河口《かこう》から見た光景よりもさらに露出《ろしゅつ》してしまいました。

「また来るぞ」

誰《だれ》かが言いました。先ほど自分が体験した、引いてから来るという津波《つなみ》のメカニズム。それがまた起こりました。沖合《おきあい》に再《ふた》び海水の壁《かべ》ができたのです。

これが実は第3波だったことをあとで知りました。最初に川をのぞいた時、ちょっと増《ぞう》水《すい》しているかなと感じたのが小さな第1波だったのです。第2波、3波が大きくて、その後は海がいつもと同じ状態《じょうたい》に戻《もど》ったかと思いきや余震《よしん》が続き、大きな揺《ゆ》れが来るたびに、悲鳴が響《ひび》きました。

第4波も来ました。第5波以上もあったのかもしれませんが、分かりませんでした。その後、津波《つなみ》は落ち着いたように感じました。

そこで謙太郎《けんたろう》くんは、合流した職員《しょくいん》と一緒《いっしょ》に事務所《じむしょ》を見に行くことにしました。今考えてみれば、これも危険《きけん》な行為《こうい》です。時間をおいて第5波、6波が来てもおかしくありませんから。

丘を降《お》りていくと、津波《つなみ》がここまで来たんだなとはっきり分かる境界線《きょうかいせん》がありました。そこから先はガレキが道を塞《ふさ》いでいて、漁協《ぎょきょう》には戻《もど》れませんでした。そこで川伝いに歩いてなんとか、漁協《ぎょきょう》の近くまでたどり着きました。心配だったのは、漁協事務所《ぎょきょうじむしょ》などの建物ではありませんでした。

魚です。

周辺は泥《どろ》だらけで養殖池《ようしょくいけ》の近くまでは行けませんでした。とても気になります。地震《じしん》の前まで元気に泳いでいたあのアユとサケの稚魚《ちぎょ》たちのことです。

「津波《つなみ》で水槽《すいそう》の中の魚たちは流されていったのか？」

「あの泥水《どろみず》の中を泳いで海へ出ていってくれたか？」

「それとも水槽《すいそう》の中に止《とど》まっているのか？」

全く分かりません。でも、どうすることもできません。もっとガレキをどかしながら進むことも考えました。

しかしその間にまた地震《じしん》が来て、さらなる津波《つなみ》が来たらどうなるのか？　今度は自分もさらわれてしまうのではないか？

ここは一旦撤退《いったんてったい》して、次の日に放流しようと思い、

「ごめんね、元気でいてくれよ」

そう願い、木戸川《きどがわ》をあとにしました。

帰宅《きたく》しようとしたら国道6号線はガケ崩《くず》れで通行止めでした。そこで山の中の道を通りました。いわき市内に近づくにつれて道路は大渋滞《だいじゅうたい》でした。海岸近くの道路は津波《つなみ》でやられているようで、全ての車が山側の道に集中したからでしょう。

自宅《じたく》のあるいわき市に戻《もど》ると、そこもパニック状態《じょうたい》になっていました。町の奥までは津《つ》波《なみ》は来ていませんでしたが、地震《じしん》の力であちこちが起伏《きふく》したり陥没《かんぼつ》したり、ここでもマンホールが飛び出したりで車は通り辛《づら》く大混乱《だいこんらん》でした。

道路も膨《ふく》らんだり曲がったり亀裂《きれつ》が入っていました。フラガールで有名なスパリゾートハワイアンズもホテルの壁《かべ》が崩落《ほうらく》したりして、かなりの被害《ひがい》を受けたことをあとから聞きました。

謙太郎《けんたろう》くんの家は、いわき市内からやや山側に入った丘陵《きゅうりょう》地帯にあります。家が建っているのを見て一安心しました。

救援《きゅうえん》活動

帰宅《きたく》した謙太郎《けんたろう》くんを見て、家族全員が涙《なみだ》を流すほど喜びました。幸いにも自宅《じたく》は、地《じ》震《しん》で2階の壁《かべ》に穴《あな》が空いたのと、壁紙《かべがみ》にヒビが入ったぐらいで、大きな被害《ひがい》はありませんでした。

麻美《あさみ》さんによれば、電気も水道も止まったのはいっときで、すぐに回復《かいふく》したそうです。大変だったのはお母さんでした。地震《じしん》当時は家に1人でいました。揺《ゆ》れと同時にとっさに机《つくえ》の下に身を隠《かく》して耐《た》えたそうです。

あちらこちらのものが落ちてきて、「ガシャーンガシャーン」と音を立て、さらに揺《ゆ》れもすごかったので、

「この世の終わりだ」

と震《ふる》えていたそうです。

その夜、片付《かたづ》けが一段落《いちだんらく》し、各地での津波被害《つなみひがい》の様子をテレビで観《み》ながら、

「俺《おれ》も危《あぶ》なかったんだよ。漁協《ぎょきょう》もやられたよ」

と家族に津波《つなみ》の様子を聞かせました。テレビでは、地元いわきよりも岩手や宮城《みやぎ》など他の被災地《ひさいち》の映像《えいぞう》が流れていて、津波《つなみ》の強烈《きょうれつ》さが身にしみるほど悲惨《ひさん》な状況《じょうきょう》が報《ほう》じられていました。

その夜、知り合いから連絡《れんらく》があり、楢葉町《ならはまち》に近い福島第2原発から放射能漏《ほうしゃのうも》れがあった

らまずいということで、楢葉《ならは》町民に避難勧告《ひなんかんこく》が出たことを知りました。

「明日は漁協《ぎょきょう》に行けないな」

非常《ひじょう》に残念でしたが、これで魚は諦《あきら》めました。組合長に連絡《れんらく》を試みましたが、携帯《けいたい》電話は繋《つな》がりませんでした。

一夜明けた翌日《よくじつ》、全ての報道《ほうどう》がこの地震《じしん》と津波《つなみ》のことでした。謙太郎《けんたろう》くんは何をしていいのか分かりませんでした。現地《げんち》を把握《はあく》することはできませんでした。

放送されているのは、各地の大都市の被害《ひがい》ばかりで、楢葉《ならは》の「な」の字も出てこなかったからです。津波《つなみ》に襲《おそ》われた地域《ちいき》の人たちはうまく逃《に》げたのでしょうか？　避難《ひなん》した楢葉《ならは》の人たちはどうなったのでしょうか？

その日の午後、福島第1原発では原子炉《げんしろ》の建屋《たてや》が爆発《ばくはつ》したとのニュースが入りました。周辺住民には避難《ひなん》命令が出されました。3日後、組合長と連絡《れんらく》が取れました。

「謙太郎《けんたろう》、大変だったな。津波《つなみ》を逃《のが》れたと思ったらさ、あの夜、避難勧告《ひなんかんこく》が出てさ、俺《おれ》は今二本松《にほんまつ》にいるんだよ」

なんと組合長は内陸部に避難《ひなん》していました。

「今後楢葉《ならは》がどうなるのか情報《じょうほう》を集めているからさ、今は我慢《がまん》して待機しててよ」

そう言って組合長は電話を切りました。

「楢葉町民《ならは》が避難《ひなん》？　原発の影響《えいきょう》か？　それほど深刻《しんこく》なのか？」

組合長は二本松《にほんまつ》でしたが、楢葉《ならは》からいわきへ避難《ひなん》してきている人が多いことも分かりました。

楢葉《ならは》の人のために指定された小学校の避難所《ひなんじょ》は、たまたま麻美《あさみ》さんの実家の近くでした。そこには漁協《ぎょきょう》の女性《じょせい》スタッフもいました。彼女《かのじょ》の家は津波《つなみ》で流されたそうです。

避難所《ひなんじょ》は本当に一時しのぎの場所で、体育館に雑魚寝状態《ざこねじょうたい》。プライバシーもなく、お風呂《ふろ》にも入れず、さらに楢葉《ならは》の詳《くわ》しい状況《じょうきょう》も分からず、辛《つら》い状態《じょうたい》だと言っていました。ペットと一緒《いっしょ》に避難《ひなん》してきた人は、他の人に迷惑《めいわく》がかかるという遠慮《えんりょ》から、車の中で寝泊《ねと》まりしていました。

もう1人、元組合長の佐藤悦男《さとうえつお》さんも避難《ひなん》してきていました。最初の避難勧告《ひなんかんこく》では、

「俺《おれ》はいいよ」

と楢葉《ならは》の自宅《じたく》に1人で残ったそうです。

そういう老人は、震災《しんさい》の際《さい》には多かったようで、悦男《えつお》さんもその1人。すぐに避難解除《ひなんかいじょ》になるだろうと思っていたそうです。

ところが3日経《た》っても回復《かいふく》の兆《きざ》しはなく、お風呂《ふろ》も入れないし、話し相手もいないし、寂《さび》しくなって避難所《ひなんじょ》に来たそうです。悦男《えつお》さんは謙太郎《けんたろう》くんと会って安心した様子でした。その後親戚《しんせき》が迎《むか》えに来て、悦男《えつお》さんは避難所《ひなんじょ》から出ていきました。悦男《えつお》さんのように親《しん》戚《せき》などに頼《たよ》れる人はいいのですが、近くにつてがない人たちは、避難所《ひなんじょ》でずっと我慢《がまん》しているしかなかったようです。

避難所《ひなんじょ》でなくても、人々《ひとびと》は不便な生活を強《し》いられました。避難所《ひなんじょ》ほど不便はないようですが、周辺の家に電気が来ていませんでした。水道も止まっていました。お風呂《ふろ》にも入れないのです。

幸い鈴木《すずき》家のライフラインは確保《かくほ》されていました。4年前に高台の新居《しんきょ》へ引っ越《こ》ししたのが幸いでした。実はこの家はオール電化。地震《じしん》の影響《えいきょう》で道路が曲がることもなく電気も来ていてホッとしましたが、もし停電していたらオール電化は、もしかしたら本当は災害《さいがい》に弱いのかもしれないと感じました。

「困《こま》った時はお互《たが》い様だ」

父親の保夫《やすお》さんの提案《ていあん》で、鈴木《すずき》家はご近所さんに臨時《りんじ》にお風呂《ふろ》を使っていただくことになりました。水も出るので給水場にもなりました。噂《うわさ》を聞いて少し離《はな》れた場所に住んでいる人々《ひとびと》もやってきました。もちろん鈴木《すずき》家は全ての人たちを歓迎《かんげい》しました。

避難所《ひなんじょ》にいた漁協《ぎょきょう》スタッフの方にも声をかけ、お風呂《ふろ》に入ってもらいました。

先が見えない日々《ひび》

原発事故《じこ》のニュースを聞いてから、謙太郎《けんたろう》くんは考えていました。

「木戸川《きどがわ》で仕事ができなくなるかもしれない」

「もしかしたらセシウムの半減期《はんげんき》30年以上は楢葉町《ならはまち》に戻《もど》れないかもしれない」

「いや、科学の結晶《けっしょう》だとも言われていたので、そんなはずはない」

「あれだけ安全だと言って運転していた原発だ」

「多くの町民が歓迎してでき上がった科学の町だ」

「職《しょく》を求めるためだけに建てたわけじゃない。信じていたんだ」

「日本の科学力を持って取り組めば、すぐに収束《しゅうそく》するに決まっている」

「それを信じていいのか？」

「テレビでは東電の本社と現場《げんば》の意見が食い違《ちが》っている」

「もちろん政府《せいふ》の人間は全員が原発に関しては素人《しろうと》だ」

「政府《せいふ》の発言を聞いても信用できない」

「俺《おれ》だって原発のことは詳《くわ》しく知らないじゃないか」

そんなことを考えているうちに、不安が謙太郎《けんたろう》くんを襲《おそ》いました。全てが未曾有《みぞう》の事故《じこ》です。かつて人類が経験《けいけん》したことのない惨状《さんじょう》が、楢葉町《ならはまち》のすぐ先で起こっているのです。もしかしたら人類の危機《きき》だとも噂《うわさ》が流れていました。

この状況《じょうきょう》では仕事ができるかどうかも分かりません。家族のために他の仕事を探《さが》したほうがいいのか、とも悩《なや》みました。

謙太郎《けんたろう》くんの一番の悩《なや》みは子どものことでした。当時長男の海翔《かいと》くんは生後8か月でした。ミルクやオムツ、おしりふきは絶対《ぜったい》に必要でしたが、すぐに底をつくのは目に見えていました。

ガソリンも買えない状態《じょうたい》でした。タンクの残量を気にしながら赤ちゃん用品をあちこち探し回りましたが、なかなか買えませんでした。

「生活に必要なものも買えないのか？」

謙太郎《けんたろう》くんは悔《くや》しがりました。同時に子どもへの放射能《ほうしゃのう》の影響《えいきょう》も心配でした。その後、テレビやネットで様々《さまざま》な憶測《おくそく》、最悪のシナリオなどが報《ほう》じられました。爆発《ばくはつ》した建屋《たてや》から放出された放射能《ほうしゃのう》は、南東の風に乗り、第1原発から北西部へと降《ふ》り注いでいくと報道《ほうどう》されていました。ならば南側のいわきは大丈夫《だいじょうぶ》なのか？

原発北西側の住民の方々《かたがた》には申し訳《わけ》ないけれど、自分の方へ来なくてよかったと思ってしまいました。

放射能《ほうしゃのう》は、原発周辺だけでなく、風に乗り福島《ふくしま》の山奥《やまおく》、そして茨城《いばらき》や栃木《とちぎ》にも広がっているという情報《じょうほう》も入ってきました。

「いわきは大丈夫《だいじょうぶ》なのか？」

どれが本当でどれが嘘《うそ》なのか分かりません。

不安がさらに不安を募《つの》らせます。

「福島《ふくしま》を離《はな》れた方がいいのか？」

謙太郎《けんたろう》くんは考え始めました。原発が爆発《ばくはつ》し放射能《ほうしゃのう》が広がったので、という理由で震災《しんさい》の復興支援《ふっこうしえん》のために来ていた海外のチームに本国から帰国命令が出たことも知りました。

鈴木《すずき》家も、

「早めに避難《ひなん》した方がいいよ」

とあちこちから言われました。

「部屋が空いているからしばらく避難《ひなん》してきたらどうだい」

と誘《さそ》ってくれた会津《あいづ》の友人もいました。近所で、

「誰《だれ》それさんの家族も避難《ひなん》したみたいだよ」

などはまだマシな方で、謙太郎《けんたろう》くんを不安にさせるガセ情報《じょうほう》もたくさんありました。

誰《だれ》を、どれを信じていいのか分からなくなりました。原発がさらに続いて爆発《ばくはつ》した時には家族会議を開き、とりあえず避難《ひなん》かなと考えていた時、

「俺《おれ》は残るぞ」

と保夫《やすお》さんが言いました。

「頑固《がんこ》だな。お父さん何言ってんだよ。少しの間だけ避難《ひなん》して様子を見ればいいじゃないか」

と謙太郎《けんたろう》くんが言いました。お母さんも、妻《つま》の麻美《あさみ》さんもそう思っていました。

しかし保夫《やすお》さんは、

「ダメだ！　今うちが避難《ひなん》したら困《こま》る人たちも出てくるだろ」

と怒《おこ》り出しました。

「うちにお風呂《ふろ》に入りに来たり、水を汲《く》みに来たりしてあてにしている人がいるんだ。みんながこんなに大変な中で、うちは水も出るし電気も使えて恵《めぐ》まれているじゃないか。これだけでも幸せに思わなきゃいけない。だから俺《おれ》は離《はな》れるわけにはいかない」

と言い、さらに、

「子どものことが不安なら、おまえたちだけで避難《ひなん》してもいいぞ。俺《おれ》も原発がいよいよもって完全にダメで、このいわきも汚染《おせん》されるようだったら避難《ひなん》するけど、それまではここにいる」

と言い切ったのです。

一瞬《いっしゅん》言葉を失いました。そしてすぐに、

「親父はすごい」

と思いました。

自分のためでなく人のために、そこまで言い切れる父親を今更《いまさら》ながらに尊敬《そんけい》する謙太郎《けんたろう》くんでした。

すぐに自分も、

「そうだよね。お父さんのいう通りだね」

と同調し、原発の影響《えいきょう》でいわきが完全に危険《きけん》だとされるまで避難《ひなん》しないことに決めたのです。

とはいえ、相変わらずいいニュースは聞こえてきません。原発に対する政府《せいふ》の対応《たいおう》も決して安心できるものではありませんでした。また建屋《たてや》が爆発《ばくはつ》したとか、放射能《ほうしゃのう》がどんどん拡散《かくさん》しているとか……と、不安な毎日でしたが、悪いことばかりではありませんでした。

震災《しんさい》のおかげで、ほとんどどこにも出かけず、朝から晩《ばん》まで、家族全員でテレビを観《み》ていました。これがけっこうな家族の団欒《だんらん》になったのです。

子どもの頃《ころ》は家族全員が一緒《いっしょ》に食事をすることは当たり前でしたが、就職《しゅうしょく》してからは、朝、昼、晩《ばん》と家族が揃《そろ》って食事することはまずありませんでした。それが、この避難《ひなん》生活みたいな状況《じょうきょう》でみんなが一緒《いっしょ》にいるので、苦しい中にも家族の会話が増《ふ》え、笑顔が絶《た》えませんでした。

震災《しんさい》の中で大変でしたが、謙太郎《けんたろう》くんはこの時間を非常《ひじょう》に貴重《きちょう》で幸せだと感じていました。普通《ふつう》の家庭にある、当たり前のような毎日がどれだけ幸せなことか改めて知ることになったのです。

救援《きゅうえん》活動にも力を入れました。楢葉《ならは》からいわきに避難《ひなん》してきた漁協《ぎょきょう》の職員《しょくいん》たちもいます。

避難所《ひなんじょ》では満足な食事の配給もないと知り、鈴木《すずき》家でできる範囲《はんい》の食料や飲み物を避難所《ひなんじょ》に届《とど》けるようにもなりました。

テレビでは、各地での避難所《ひなんじょ》の様子が映《うつ》し出されていました。配給物を受け取る時にきちんと並《なら》び、暴動《ぼうどう》も起きず、日本人の素敵《すてき》な秩序《ちつじょ》が賞賛《しょうさん》されていました。

日本人の心、助け合い、絆《きずな》、そして武士道等《ぶしどうなど》が取り上げられ、特に海外のマスコミに高く評価《ひょうか》されていたようです。

それを見て、謙太郎《けんたろう》くんは、

「日本人の困《こま》った時の協調性《きょうちょうせい》は素晴《すば》らしい」と感じました。

のちに福島《ふくしま》から日本各地に避難《ひなん》した家族の子どもたちが、避難《ひなん》先の学校等《など》でいじめに遭《あ》うことは、この状況《じょうきょう》からは全く想像《そうぞう》ができないものでした。

木戸川《きどがわ》に残る

そんな希望や不安が入りまじる生活が始まった時、当時の組合長の動きは早いものでした。

「4月末には、いわき市内に各商工会議所と一緒《いっしょ》に漁協《ぎょきょう》の事務所《じむしょ》も立ち上げるから心配するな、俺《おれ》についてこい」

と言うのです。

この人ならなんとかしてくれるだろうと安心しました。他の役員や組合員、町役場の方々《かたがた》はほとんどが、

「今は川や魚どころじゃないだろう」

と思っていた時です。

当たり前ですね。

謙太郎《けんたろう》くんも含《ふく》め、みんなが自分のこと、家族のこと、毎日の生活のことで精一杯《せいいっぱい》だったからです。しかし謙太郎《けんたろう》くんには、木戸川《きどがわ》があってこその自分だし、原発事故《じこ》前までとっても幸せに生活できたのは、木戸川漁業協同組合《きどがわぎょぎょうきょうどうくみあい》のおかげなのです。そう、謙太郎《けんたろう》くんは、他に仕事をしている組合員ではなく、職員《しょくいん》なのです。

兼業《けんぎょう》で漁協《ぎょきょう》の仕事をしている人たちや、木戸川《きどがわ》に関わっている公務員《こうむいん》の人たちと自分とは違《ちが》うのです。

「肝心《かんじん》の川を失ってしまっては仕事が続けられないじゃないか」

と思いました。さらに、

「サケは汚染《おせん》されずに帰ってくるのだろうか？」

「自分の世代であの豊《ゆた》かな川が取り戻《もど》せるのだろうか？」

「もし自分の世代でダメだったとしても、次の世代でなんとか取り戻《もど》せるだろうか？」

誰《だれ》もやらないなら自分がなんとかやらなくてはとも思いつつ、もしダメだったら、と考えれば考えるほど、組合長を頼《たよ》りつつも、また不安でいっぱいになったのです。

漁協崩壊《ぎょきょうほうかい》

地震《じしん》から数日後、

「謙太郎《けんたろう》くん、楢葉《ならは》の漁協事務所《ぎょきょうじむしょ》、見に行ってみない？」

いわきに避難《ひなん》してきていた漁協《ぎょきょう》の職員《しょくいん》の女性スタッフが話を持ちかけてきました。

「待ってるだけじゃ何も分からないでしょ。自分たちで見てみなきゃ」

連日の放射能《ほうしゃのう》の報道《ほうどう》で心が折れそうになっている時でしたから、この際《さい》自分で確《たし》かめた方が早そうだなとも思いました。

漁協《ぎょきょう》に残してきた重要書類やパソコンのデータ、そしてサケやアユの稚魚《ちぎょ》のことも気になっていました。

しかし、現地《げんち》に蔓延《まんえん》しているかもしれない放射能《ほうしゃのう》も心配でした。

ちょうどその頃《ころ》原発事故《じこ》は深刻《しんこく》で、楢葉町《ならはまち》から先（北）は立ち入りができなくなるとの情報《じょうほう》が入りました。組合長がいわきに事務所《じむしょ》を開くというので、ちょっと安心していましたが、

「いよいよダメか？」

などとも考え始めました。

そんな時、いいタイミングで、組合長から連絡《れんらく》がありました。

「現地《げんち》へ行って必要なものは回収《かいしゅう》してきてくれ」

との命令でした。

というわけで漁協《ぎょきょう》スタッフ何名かで現地《げんち》に行くことになりました。

「では組合長、いつ行きましょうか？」

の問いに、

「俺《おれ》は行けないから」

と組合長。

「え、何それ？　組合長は行かないの？」

「そうだ、俺《おれ》は今二本松《にほんまつ》だから、動けない。お前たちに任《まか》せるから頼《たの》んだぞ」

「……仕方ないな」

と思った謙太郎《けんたろう》くんでした。

行くのが決まったのは当時の職員《しょくいん》4名中、女性《じょせい》スタッフと後輩職員《こうはいしょくいん》、そして謙太郎《けんたろう》くんの3名。

事務所《じむしょ》はすでに放射能《ほうしゃのう》で汚染《おせん》されているかもしれません。放射能《ほうしゃのう》についての知識《ちしき》も曖昧《あいまい》、というより皆無《かいむ》でした。その放射能《ほうしゃのう》を浴びるかもしれないという恐怖《きょうふ》もありました。自分には子どももいます。

「自分が被《ひ》ばくしたらこのあとの子どもの身体に影響《えいきょう》が出ることはないのか？」

そんなことをじっくり考える余裕《よゆう》もなく、現地《げんち》入りする3名で早急にスケジュールを固め、現地滞在《げんちたいざい》時間は1時間だけということに決めて現地《げんち》へ向かいました。

「どうやったら放射能《ほうしゃのう》を防《ふせ》げるのか？」

装備《そうび》としては、とにかく噂《うわさ》で聞いていることを全てやったのです。素肌《すはだ》が全く出ないように、帽子《ぼうし》をかぶり、マスクを2重にしてその上に耳も隠《かく》せるようにタオルを巻《ま》き、長袖《ながそで》長ズボンの上にカッパを着て手袋《てぶくろ》をしました。靴《くつ》から上はビニール袋で覆《おお》いました。あとで聞いたら、この方法では気休め程度《ていど》で、放射能防護《ほうしゃのうぼうご》にはならないということでした。それでも当時は必死でしたから仕方がなかったのです。

現地《げんち》では津波《つなみ》直後と違《ちが》い、自衛隊《じえいたい》によって道路のガレキはどかされていたので、木戸川《きどがわ》沿《ぞ》いに漁協《ぎょきょう》ギリギリまで車で入ることができました。

作業する自衛隊員《じえいたいいん》さんたちは、頼《たよ》り甲斐《がい》のあるカッコイイ人たちに見えました。恐《おそ》る恐《おそ》る車から出てみました。重装備《じゅうそうび》なので　すぐに汗《あせ》だくになりました。

漁協《ぎょきょう》の加工場を見て、驚《おどろ》きを超《こ》えた光景に開いた口が塞《ふさ》がりません。津波《つなみ》は加工場の窓《まど》を突《つ》き破《やぶ》り、中にあったテーブルや、器具をことごとく流していました。

魚を入れるカゴはあちこちに散乱《さんらん》し、黄色と青色がいつもはきちんと並《なら》べられているのに、入り乱《みだ》れて、非常《ひじょう》にカラフルにも見えました。

感心している場合ではありませんでしたが、じゃあこれを片付《かたづ》けてと言われてもどうしようもないほどで、呆《あき》れ返ることぐらいしかできない気もしました。

冷凍庫《れいとうこ》、冷蔵庫《れいぞうこ》の電気も止まり、中にあったサケやイクラは腐《くさ》り始めていました。最初は開けるのが怖《こわ》くてためらっていましたが、確認《かくにん》のためには仕方がないことです。

「ふう〜！」

大きなため息と、入り乱《みだ》れた感情《かんじょう》が謙太郎《けんたろう》くんに襲《おそ》いかかりました。

その時でした。

「あらら、これを片付《かたづ》けるのは大変ね。ゆっくりやりましょうね」

女性スタッフが謙太郎《けんたろう》くんの気持ちを和らげるかのように言ってくれました。彼《かれ》の心は悔《くや》しさと、どうにもならない怒《いか》りで満ちあふれていましたが、彼女《かのじょ》の一言で少し落ち着きました。

事務所《じむしょ》から一通りの重要書類などを箱に詰《つ》めて車に積み込《こ》み、残された時間で養魚場に行ってみました。近づくにつれて強烈《きょうれつ》な臭《にお》いがしてきました。最初に見たアユの池が白くなっていました。

「なんで？」

よく見ると魚が腹《はら》を出して浮《う》いていました。80万尾《び》いたアユの稚魚《ちぎょ》が全滅《ぜんめつ》していたのです。

「うわ、かわいそう」

ともう1人の職員《しょくいん》の嘆《なげ》き。

「まあ〜大変なこと」

と女性スタッフも悲しそうでした。

謙太郎《けんたろう》くんはかわいそうに思う気持ちと、守ってやれなかった気持ちで声が出ませんでした。

サケ稚魚《ちぎょ》の池は？

約700万尾《び》いたサケの稚魚《ちぎょ》は死んで沈《しず》んでいました。池のそこが真っ白になっていて、酸欠《さんけつ》で死ぬ間際《まぎわ》の、大量のサケたちの「苦しいよ〜」という断末魔《だんまつま》の声が聞こえてきそうでした。

別の池では、魚が見えませんでした。

「いない？」

池は空《から》でした。津波《つなみ》が来た時に水をかぶって逃《に》げたのでしょうか？

「え、逃《に》げた？　あの津波《つなみ》で？　あの泥水《どろみず》で？」

ふだんなら放流口を開けて、川に通じた溝《みぞ》に放流して、そこからサケたちはゆっくり下流に向かって泳いでいくのに……

「少しでもいいから、生き残って大きく成長してくれ」

と願いました。

各池を順番にチェックしていき、大きなクマのぬいぐるみのような物が浮いているのを見つけました。

「津波《つなみ》で流されてきて浮いているなあ」

そう思って棒《ぼう》でつついてみたら、それは犬の死骸《しがい》でした。水中で死んで体が膨張《ぼうちょう》していたのです。

「うえっ！」

一瞬《いっしゅん》吐《は》き気《け》を催《もよお》しそうになりました。

「池の臭《くさ》さはこの死骸《しがい》が原因《げんいん》か？」

そう思いながら、さらに奥の池へと進みます。一番奥の池では1割《わり》ぐらいのアユの稚魚《ちぎょ》が生きていましたが、ガリガリに痩《や》せていました。

池に入荷して間もないシラスのように小さい稚魚《ちぎょ》でしたから、酸素量《さんそりょう》があまりなくても生きていられたのかもしれません。マッチ棒《ぼう》のような姿《すがた》で生き延《の》びていたのです。その姿《すがた》に涙《なみだ》をこらえ、1尾《び》でも多く木戸川《きどがわ》に放流してやりたいと思いました。

しかし川に続く水路のガレキもひどく、放水フェンスを開けることもできず、どうすることもできませんでした。間もなく予定の1時間が経《た》とうとしています。

「ごめんね」

と謝《あやま》りながらその場を後にしました。まだ生きている魚たちを見捨《みす》てて行かなければならない謙太郎《けんたろう》くんは、本当に断腸《だんちょう》の思いでした。1時間はあっという間に過《す》ぎ、楢葉町《ならはまち》から出ました。

カッパ等《など》の防護《ぼうご》用に使った衣類は、もったいないけれど使い捨《す》てにしました。帰路、いわき市内の検査場《けんさじょう》でスクリーニングをしました。

スクリーニングとは、放射能《ほうしゃのう》が付着していないか、どれぐらい被《ひ》ばくしたかの検査《けんさ》です。ドキドキしながら検査《けんさ》を受けましたが、結果はＮＤ（ゼロに近くデータとして記録されない状態《じょうたい》）と、問題はありませんでした。

いわきに戻《もど》った時には、精神《せいしん》的にも肉体的にも非常《ひじょう》に疲《つか》れ、ぐったりしました。現場《げんば》での緊張感《きんちょうかん》、そして悲しい事実に加え、ガレキの山という、いつもと違《ちが》う見慣《みな》れない景色を見たせいでしょう。

その後、短期間に何回か現地《げんち》へ入りました。たびたび起こる余震《よしん》や湿気《しっけ》のせいで、壁《かべ》が壊《こわ》れたり天井《てんじょう》が崩《くず》れたりもして危《あぶ》ない状態《じょうたい》でした。生き残っていたサケの稚魚《ちぎょ》は全滅《ぜんめつ》していました。

謙太郎《けんたろう》くんを悲しませたのはそれだけではありませんでした。それは泥棒《どろぼう》です。現地《げんち》へ行くたびに漁協《ぎょきょう》の備品《びひん》など、物が盗《ぬす》まれていました。小銭《こぜに》やデジカメ、パソコンなど何かしらがなくなっていきました。時にはガラスが割《わ》られていたりもしていました。

その頃《ころ》は町内でも泥棒被害《どろぼうひがい》が多かったらしく、謙太郎《けんたろう》くんたちも立ち入るたびに警察《けいさつ》に車を止められ、職務質問《しょくむしつもん》をされました。

服装《ふくそう》に関してですが、最初に楢葉町《ならはまち》に入った時は念には念を入れて重装備《じゅうそうび》で行きましたが、スクリーニングするたびにNDだったので気軽になりました。木戸川《きどがわ》周辺の放射能《ほうしゃのう》は思っていたほどではなかったのです。

ところが4月上旬《じょうじゅん》、楢葉町《ならはまち》の北部の線量が増加《ぞうか》したということで、楢葉町全域《ならはまちぜんいき》が警戒区域《けいかいく》に指定され、立ち入り禁止《きんし》になってしまったのです。

サケは帰ってきていたけれど

警戒区域《けいかいくいき》になってしまった楢葉町《ならはまち》。木戸川漁協《きどがわぎょきょう》へ行くためには、許可申請《きょかしんせい》をしなければなりませんでした。申請《しんせい》後最初に許可《きょか》が出たのは2か月後の6月でした。ちょうどアユの天然遡上《そじょう》の時期です。2か月も放置した漁協《ぎょきょう》の建物がどうなっているのかも心配で出かけました。

国道沿《ぞ》いに検問所《けんもんじょ》のようなスクリーニング場があり、東京電力関係者や除染《じょせん》作業で入る人たちも一旦《いったん》止まって許可証《きょかしょう》を提示《ていじ》し、ここで防護服《ぼうごふく》に着替《きが》えなければなりません。団体《だんたい》で来ている人たちはマイクロバスから降《お》りて、全員が白い防護服《ぼうごふく》に着替《きが》え、宇宙《うちゅう》飛行士のような格好《かっこう》で入ります。

しかし謙太郎《けんたろう》くんと漁協職員《ぎょきょうしょくいん》の女性スタッフの2人は、カッパを着て長靴《ながぐつ》を履《は》くだけ。個人《こじん》と団体《だんたい》でこんなに差があるものなのかと感じたそうです。

楢葉町《ならはまち》に入ると、夏を迎《むか》えて田んぼや畑の雑草《ざっそう》は生え放題。線路上もここが線路であったことが分からないほど雑草《ざっそう》が伸《の》びていました。漁協《ぎょきょう》内も相変わらずめちゃくちゃでした。

帰路のスクリーニングでは被《ひ》ばく線量《せんりょう》がまたもやNDで、安心しました。この時の立ち入り結果を組合長に報告《ほうこく》すると、しばらくは行ってもやれることはないだろうという判断《はんだん》になりました。

その年の秋、10月下旬《げじゅん》には、早めに出しておいた申請《しんせい》の許可《きょか》がやっと下りました。謙太《けんた》郎《ろう》くんはワクワクしながら楢葉町《ならはまち》に向かいました。もはや放射能《ほうしゃのう》の危険《きけん》は全く感じていませんでした。

それまでの調査《ちょうさ》で、楢葉町《ならはまち》で線量が高いのは町の北側だけで、木戸川《きどがわ》周辺はNDだということが分かっていたからです。

日に日に放射線量《ほうしゃせん》の蓄積《ちくせき》があり、楢葉町《ならはまち》も相当溜《た》まっているはずだ、という噂《うわさ》は流れていましたが、そんな不安は全く感じていませんでした。それよりも待ち焦《こ》がれていたサケに会える、そのことで頭の中がいっぱいでした。

漁協《ぎょきょう》の入り口、木戸橋《きどばし》の上から川をのぞくと、謙太郎《けんたろう》くんはいきなり笑顔になりました。そこには川一面にサケが上ってきていたからです。正確《せいかく》に数えていませんが何百尾《び》という数です。

木戸橋《きどばし》は河口《かこう》から約1㎞。それまでは河口《かこう》から約800mの辺りにヤナ場《ば》のフェンスを張《は》り、網《あみ》などを使ってサケを捕獲《ほかく》していましたが、それがないのでさらに上流にサケが上ってきていたのです。

いつもは謙太郎《けんたろう》くんが採卵《さいらん》し、受精《じゅせい》させていましたが、サケたちは自らペアを作り、産《さん》卵《らん》していました。人の手を借りない自然産卵《さんらん》です。この魚たちは、4年前に謙太郎《けんたろう》くんの手で受精《じゅせい》させ、ふ化した稚魚《ちぎょ》を放流したものです。海に降《くだ》って北洋を回遊して帰ってきた魚たちです。いとおしくないわけがありません。

しばらく見とれていました。

メスが川底の砂利《じゃり》に穴を掘《ほ》り、それをオスが見守ります。時おりやってくる侵入者《しんにゅうしゃ》（他のオス）をオスは追い払《はら》います。体当たりや噛《か》み付いたりもします。

「鼻曲がり」と言って、川に上ったサケのオスの鼻が大きく曲がり歯が鋭《するど》くなるのは、この戦いのためだと言われていますが、まさにその通りでした。謙太郎《けんたろう》くんは感心しました。

いつまでもそこにいて見守っていたいと思いました。

サケはどれぐらい上流に上っているのだろうか？　……と気になって、さらに上流1㎞ほどにある仏坊《ほとけぼう》の堰堤《えんてい》へ行ってみました。

その堰堤《えんてい》には魚道（魚の通り道）は付いているのですが、魚道のない場所を上ろうとサケが果敢《かかん》にジャンプしているのが見えました。それはけっこう豪快《ごうかい》な姿《すがた》で、これまでに見たこともない光景でした。

なぜなら、ふ化事業をしている時には、サケたちのこういう場所に直面することがなかったからです。河口《かこう》から800m上ったところで、人間に捕獲《ほかく》されてしまうのですから。

「頑張《がんば》って卵《たまご》を産んでくれよ」

とエールを送り、今度は漁協《ぎょきょう》前のヤナ場《ば》に行ってみました。そこにもサケの大群《たいぐん》がありました。その場でオス・メスが産卵《さんらん》するペアになっているサケたち、さらに上流を目指そうとするサケたちであふれかえっていました。

「原発事故《じこ》さえなければ、今頃《いまごろ》はこのサケたちの捕獲《ほかく》で漁協《ぎょきょう》は活気づいていただろうに」

サケの回帰を喜ぶと同時に、そのサケに何もできない悔《くや》しさが湧《わ》いてきました。

そしていつもと違《ちが》う光景がまだありました。河原《かわら》に無数に転がる死骸《しがい》です。サケは産卵《さんらん》を終えると力尽《つ》き死んでしまうのです。命を次世代に繋《つな》いでいるとも言われます。

この死骸《しがい》がまた川の養分になり、生まれた稚魚《ちぎょ》が食べる微小《びしょう》生物の栄養になるのです。これまではサケは全て捕獲《ほかく》していましたから、死骸《しがい》が川に残ることはほとんどありませんでした。

謙太郎《けんたろう》くんはそれを見て、

「これが、奥山《おくやま》さんが言っていたカナダやアラスカでは当たり前のサケの自然なんだな」

と感心しました。

謙太郎《けんたろう》くんはこの日、1年ぶりに見るサケの写真をたくさん撮《と》って、いわきに戻《もど》りました。

2012年夏、やっと立ち入り禁止《きんし》解除《かいじょ》

2012年の8月10日、立ち入り禁止《きんし》が解除《かいじょ》になりました。この日から漁協《ぎょきょう》でも復興《ふっこう》作業が開始になりました。

その間に再《ふたた》び組合長が変わりました。

謙太郎《けんたろう》くんたちも早速、楢葉町《ならはまち》へ出向きました。

漁協《ぎょきょう》だけでなく、町の他の場所も見ることができるので、ぐるっと回ってみると……

あれた農地、庭先、線路。人が住まないで手入れをしないと、人が歩かないと、車が行き来しないと、こうなるのかと痛感《つうかん》しました。

空き巣に入られた家、壊《こわ》された自動販売機《じどうはんばいき》、泥棒《どろぼう》のやりたい放題の跡《あと》が目立ちました。昼間の立ち入りはできるけれど、宿泊《しゅくはく》は禁止《きんし》。つまり自宅《じたく》がある人が帰っても、夜には避難《ひなん》先に戻《もど》らなければならないという規則《きそく》でした。立ち入り禁止《きんし》がなくなっただけで、水道も電気も止まったまま。下水処理《しょり》もできないので、トイレも使えない状態《じょうたい》でした。

立ち入り禁止解除《きんしかいじょ》なので、住民以外でも、許可《きょか》がなくても誰《だれ》でも入ることができます。この状態《じょうたい》では、さらに泥棒《どろぼう》が入りやすくなったと、中途半端《ちゅうとはんぱ》な解除《かいじょ》ならしないでほしいという意見もあったほどでした。

あとで聞いた話ですが、この時、多くの家ではテレビや冷蔵庫《れいぞうこ》など、電化製品《せいひん》の盗難《とうなん》にあったそうです。

漁協《ぎょきょう》に着いてまず感じたのは、

「う、臭《くさ》い」

ということです。

犬や猫《ねこ》、ネズミやタヌキ、イノシシなどの動物が事務所《じむしょ》や施設《しせつ》内に入り込《こ》み、その糞尿《ふんにょう》の臭《にお》いがたまりませんでした。

ぐちゃぐちゃになった施設《しせつ》をこれから片付《かたづ》けなくてはなりません。

しかし楢葉町在住《ならはまちざいじゅう》だった組合役員たちは、家に戻《もど》ってまず自分の生活を立て直すことで精一杯《せいいっぱい》。漁協《ぎょきょう》の被害《ひがい》については、

「東電にやってもらおう」

ということになりました。

はっきり言って、どこから手をつけていいか分からない、そして、できればこんなことなんかしたくないというほどひどかったというのが本音でした。

謙太郎《けんたろう》くんもその間、他の漁協《ぎょきょう》へのお手伝いや、取引先だった養魚場との連携《れんけい》などで忙《いそが》しくしていましたから、「待つ」しかなかったのです。

それからしばらく時間が経《た》ちました。

東電にお願いしても、一般《いっぱん》家庭の片付《かたづ》けが最優先《さいゆうせん》で、企業《きぎょう》への対応《たいおう》はまだできるかどうかも決まっていませんでした。

いつやってもらえるかのめどが立たないため、仕方なく自分たちでやることにしました。冷蔵庫《れいぞうこ》の中で溶《と》けて腐《くさ》ってしまった加工品などの処分《しょぶん》が大変でした。

漁協《ぎょきょう》役員と女性《じょせい》スタッフで、高密度《みつど》で耐久性《たいきゅうせい》のある防護服《ぼうごふく》を着て、さらにガスや臭《にお》いに対応《たいおう》できるガスマスクをつけての作業をしました。冷蔵庫《れいぞうこ》や冷凍庫《れいとうこ》の中は加工品が腐《くさ》って

大変なことになっていると予想されたからです。

腐《くさ》ってドロドロに溶《と》けているサケの切り身や荒巻《あらまき》、イクラなど、見るだけで強烈《きょうれつ》です。さらに汗《あせ》だくになりながらの作業です。最悪の作業でした。

処分《しょぶん》するものにも放射能《ほうしゃのう》が付いている可能性《かのうせい》があるとのことで、いろいろと勝手に行うことができず、指定の廃棄物《はいきぶつ》業者に頼《たの》んで処分《しょぶん》してもらいました。

放射能《ほうしゃのう》の基礎《きそ》知識《ちしき》

今回の震災《しんさい》では、被害《ひがい》が地震《じしん》と津波《つなみ》だけだったら、復興《ふっこう》にそれほど時間はかかっていなかったように感じました。

原発がメルトダウンし、爆発《ばくはつ》したために放射能《ほうしゃのう》が飛び散って、各地を汚染《おせん》したために立ち入り禁止《きんし》になり、復興《ふっこう》が遅《おく》れたのです。

ところで、放射能《ほうしゃのう》とか放射線《ほうしゃせん》とはどういうものでしょう。

「線量の単位であるシーベルトって?」

「ベクレルって?」

「何か危《あぶ》なそうな物質《ぶっしつ》？」

分かっているようで実はよく分かっていない人が多いので、この曖昧《あいまい》に放射能《ほうしゃのう》と呼《よ》んでいるものについて、アクアマリンふくしまでセシウムのモニタリング検査《けんさ》をしている吉田《よしだ》光輔《こうすけ》くんの説明をもとに書いておきましょう。

放射線《ほうしゃせん》は光の仲間ですが目に見えません。放射線《ほうしゃせん》を出す能力《のうりょく》を放射能《ほうしゃのう》といいます。放射《ほうしゃ》線《せん》を出す物質《ぶっしつ》を放射性物質《ほうしゃせいぶっしつ》と言います。放射線《ほうしゃせん》にも様々《さまざま》な種類があり、その種類によって性質《せいしつ》も異《こと》なります。放射線《ほうしゃせん》の単位には、放射能《ほうしゃのう》を出す方に注目した単位（ベクレル）と、放射線《ほうしゃせん》を受けた方に注目した単位（シーベルト）の２つに大きく分けられます。

放射能《ほうしゃのう》、放射線《ほうしゃせん》、放射性物質《ほうしゃせいぶっしつ》。この３つの違《ちが》いを分かりやすく懐中《かいちゅう》電灯にたとえると、「放射線《ほうしゃせん》」は懐中《かいちゅう》電灯の光、「放射能《ほうしゃのう》」は懐中《かいちゅう》電灯の光を出す能力《のうりょく》のこと。「放射性物質《ほうしゃせいぶっしつ》」は懐中《かいちゅう》電灯ですね。

放射性物質《ほうしゃせいぶっしつ》は放射線《ほうしゃせん》を放出しながら、時間の経過《けいか》とともに放射線《ほうしゃせん》を放出しない安定した物質《ぶっしつ》になっていきます。したがって、放射性物質《ほうしゃせいぶっしつ》はだんだん放射能《ほうしゃのう》が減《へ》っていきます。

放射能《ほうしゃのう》が半分になる時間を「半減期《はんげんき》」といいます。たとえばヨウ素《そ》１３１は半減期《はんげんき》が約８日なので、放射能《ほうしゃのう》は約８日で最初の放射能《ほうしゃのう》の半分に、約16日で１／４に、約24日で１／

8に、約1か月（約32日）で1／16に減少《げんしょう》します。

原発事故《じこ》で放出されたのは、セシウム137（Cs137。半減期《はんげんき》30・1年）とセシウム134（Cs134。半減期《はんげんき》2・06年）です。

ベクレル（Bq）とは放射線《ほうしゃせん》を出す能力《のうりょく》、つまり放射能《ほうしゃのう》を表す単位です。放射線《ほうしゃせん》は放射性《ほうしゃせい》物質《ぶっしつ》が壊《こわ》れることによって放出されますが、ベクレルは、1秒間に放射性物質《ほうしゃせいぶっしつ》が壊《こわ》れる（崩壊《ほうかい》）数を表します。たとえば、1秒間に1回、原子核《げんしかく》が壊《こわ》れる放射性物質《ほうしゃせいぶっしつ》ならば、「1ベクレルの放射能《ほうしゃのう》がある」ということになります。

ベクレルという単位は、放射線《ほうしゃせん》を発見したフランスの物理学者アンリ・ベクレル（1852〜1908年）からとった名前です。日本の安全基準値《きじゅんち》は一般《いっぱん》食品で100ベクレル以下になっています。

シーベルト（Sv）は人体への影響《えいきょう》を表す単位です。人体への影響《えいきょう》は放射線《ほうしゃせん》の種類や放射《ほうしゃ》線《せん》を受けた個所《かしょ》によって異《こと》なります。これを考慮《こうりょ》して、1つの単位で影響《えいきょう》の程度《ていど》を表せるように作った単位が、「シーベルト」です。これは放射線防護《ほうしゃせんぼうご》の研究で功績《こうせき》のあったスウェーデンの物理学者ロルフ・マキシミリアン・シーベルト（1896〜1966年）にちなんだ名前です。

放射線《ほうしゃせん》を受けることを被《ひ》ばくといいます。受けた放射線《ほうしゃせん》の量を「線量」あるいは「被《ひ》ばく線量」といいます。シーベルトは、この被《ひ》ばく線量の単位ということになります。被《ひ》ばく線量が同じならば、人体への影響《えいきょう》も同じとみなすことができます。低い放射線《ほうしゃせん》量の時は、シーベルトの１０００分の１のミリシーベルト（ｍSv）という単位を使います。

放射線《ほうしゃせん》には2種類あります。自然放射線《ほうしゃせん》と言って宇宙《うちゅう》や大地、大気や食物《しょくもつ》など自然界からの放射線《ほうしゃせん》。そして人工放射線《ほうしゃせん》と言って医療《いりょう》や生物学、建造物《けんぞうぶつ》の検査《けんさ》などのために人工的に作られたものです。

自然放射線《ほうしゃせん》は場所や高度によっても異《こと》なります。現在《げんざい》人間１人が1年間位自然放射線《ほうしゃせん》を受けている量は世界平均《へいきん》で約２・４ミリシーベルトです。内訳《うちわけ》は、宇宙《うちゅう》から０・39ミリシーベルト。大地から０・48ミリシーベルト。食物《しょくもつ》から０・29ミリシーベルト、大気中のラドンなどから１・26ミリシーベルト。

人工放射線《ほうしゃせん》でよく知られているのは、医療《いりょう》用のレントゲン撮影《さつえい》やＣＴスキャンなどで使われるX線、原子力発電所で生まれる放射線《ほうしゃせん》などです。人工放射線《ほうしゃせん》の種類や性質《せいしつ》は自然放《ほう》射線《しゃせん》と変わりなく、人体への影響《えいきょう》も自然放射線《ほうしゃせん》と変わりません。

医療《いりょう》によって受ける人工放射線《ほうしゃせん》量は、胸部《きょうぶ》のレントゲン撮影《さつえい》０・05ミリシーベルト、胃のレントゲン撮影《さつえい》０・６ミリシーベルト。
放射線《ほうしゃせん》が人体に及《およ》ぼす影響《えいきょう》には様々《さまざま》な意見があります。放射線《ほうしゃせん》を短期間に全身被《ひ》ばくした場合の致死《ちし》線量は、５％致死《ちし》線量（被《ひ》ばくした人の20人に１人が死に至《いた》る線量）が２シーベルト（２０００ミリシーベルト）、50％致死《ちし》線量が４シーベルト、１００％致死《ちし》線量が７シーベルトと言われています。

２００ミリシーベルト以下の被《ひ》ばくでは、急に病気になったりはしないとされています。ここで言う短期とは、約１時間ほどと考えてください。普通《ふつう》に生活していて１年間に吸収《きゅうしゅう》する放射線《ほうしゃせん》量の１０００倍の量を１時間で吸収《きゅうしゅう》すると、20人に１人が亡《な》くなる程度《ていど》の危険《きけん》性《せい》だということです。

１シーベルトだと吐《は》き気《け》を感じる、２～５シーベルトだと頭髪《とうはつ》が抜《ぬ》ける、３シーベルトを超《こ》えると30日以内に50％の人が亡《な》くなる、とも言われています。

もっと詳《くわ》しく知りたければ、独自《どくじ》に環境省《かんきょうしょう》のホームページなどでチェックしてみてはいかがでしょう。

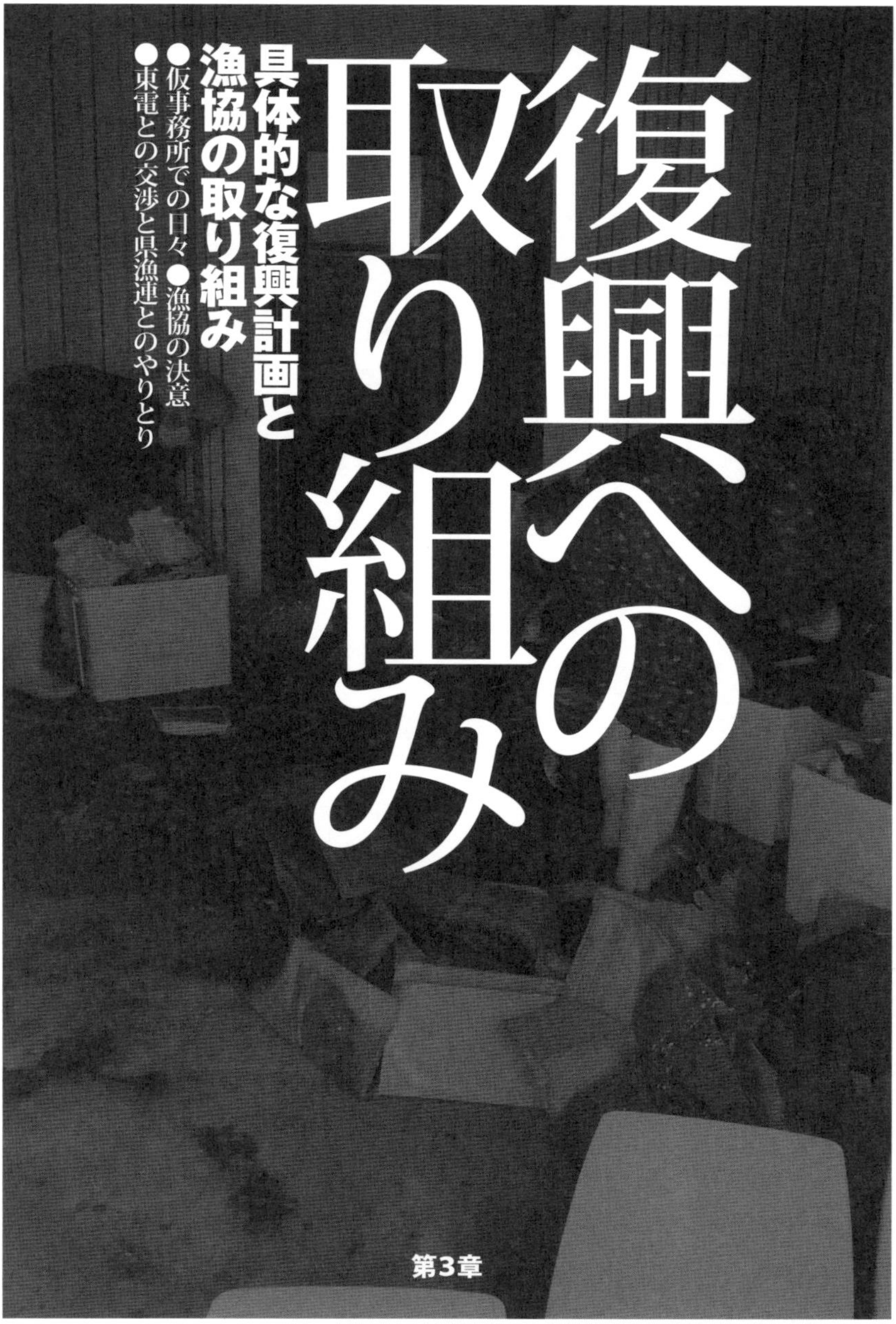

第3章

復興への取り組み

具体的な復興計画と漁協の取り組み

●仮事務所での日々 ●漁協の決意
●東電との交渉と県漁連とのやりとり

仮事務所《かりじむしょ》での日々《ひび》

2011年の4月中旬《ちゅうじゅん》には組合長が言っていた通り、いわき市の平《たいら》に仮事務所《かりじむしょ》を設置《せっち》することができました。

「南双葉復興《みなみふたばふっこう》センター」という名前で、楢葉《ならは》町商工会、広野町《ひろのまち》商工会、富岡町《とみおかまち》商工会、川内村《かわうちむら》商工会、そして木戸川漁協《きどがわぎょきょう》の5団体《だんたい》が共有で入りました。

謙太郎《けんたろう》くんはそれまでに何回か楢葉町《ならはまち》の木戸川漁協事務所《きどがわぎょきょうじむしょ》に行き、回収《かいしゅう》してきた書類や、機材を自宅《じたく》に保管《ほかん》していましたが、それを引《ひ》っ越《こ》しのように仮事務所《かりじむしょ》に持って行きました。

仮事務所《かりじむしょ》は建物のワンフロアーの広い場所に机《つくえ》を入れただけで、一緒《いっしょ》に入った他の団体《だんたい》との境界《きょうかい》はパネルで仕切っただけというものでした。

それでも開所式をやって、

「これから皆《みな》さん協力して頑張《がんば》りましょう」

と、どん底の中にも明るい希望を見出すかのように気合いを入れました。

しかし現実《げんじつ》は厳《きび》しいものでした。設置《せっち》された電話は1つでした。そこへ電話がかかって来ます。

　電話が鳴ると、

「はい、南双葉《みなみふたば》復興《ふっこう》センターです」

と電話に出ます。かけた相手は、

「○○商工会の何々《なになに》さんをお願いします」

と言ってやっと繋《つな》がるのです。

　これは面倒《めんどう》ですから、謙太郎《けんたろう》くんは携帯電話《けいたいでんわ》を使うようになりました。お客さん（と言っても復興《ふっこう》関係の人）が来て応接《おうせつ》スペースで話をしていても、声はまる聞こえです。トイレも別のフロアにあり、その建物に入っている別の会社の人と共有でした。

　富岡町《とみおかまち》、広野町《ひろのまち》、川内村《かわうちむら》の事務員《じむいん》たちとは、ほとんど会話をすることもありませんでした。みんな各地の住民の行方を追ったりして、外出も多くバタバタしていました。

　みんなで協力しましょうと仮事務所《かりじむしょ》は始まったのですが、これらの3団体《だんたい》は入所して1か月ほどで出て行きました。外出が多かったのは、別の場所探《さが》しをしていたのでしょう。

　そうして楢葉町《ならはまち》の商工会と、木戸川漁協《きどがわぎょきょう》だけのセンターになりましたが、しばらくして楢葉《ならは》建設《けんせつ》協会が入所して来ました。そこは事務員《じむいん》が1人だけでした。

震災《しんさい》後、楢葉《ならは》町役場はいわき市の中央台《ちゅうおうだい》という仮事務所《かりじむしょ》と、姉妹町である会津《あいづ》の美里町《みさとちょう》へ分所を置いていました。

そこへ、行方不明者の安否《あんぴ》確認を問い合わせても、

「個人情報《こじんじょうほう》は教えられません」

とけんもほろろだったそうです。

そこで唯一《ゆいいつ》、この商工会のある復興《ふっこう》センターが知り合いの安否《あんぴ》を確《たし》かめる場所になっていたのです。

漁協《ぎょきょう》の組合員もたびたびここを訪《おとず》れ、謙太郎《けんたろう》くんと会話をして、

「謙《けん》ちゃんと話をしていると、落ち着くなあ」

と、癒《い》やされたように帰っていきました。震災《しんさい》後しばらくはみんなの関心は、「生きること」が中心でした。

考えられますか？　現代日本のこの社会の中でです。命に関わる危機感《ききかん》があって、どうやって生き延《の》びるかということを考えなければならないなんて信じられませんね。しかし本当にそういう事態《じたい》が起きたのです。

避難所《ひなんじょ》に落ち着いて、生きることの不安がなくなると今度は、住む場所が話題の中心に

なりました。

原発の知識《ちしき》もほとんどない状況《じょうきょう》で、避難者《ひなんしゃ》の心の中には、

「いつ楢葉《ならは》に戻《もど》れるのか？」

というかすかな希望と、

「もしかしたら戻《もど》れないんじゃないか？」

という絶望《ぜつぼう》的な諦《あきら》めが入り混《ま》じっていました。

「でも楢葉《ならは》に戻《もど》りたい」

避難《ひなん》した当初、多くの避難者《ひなんしゃ》はそう思っていました。

謙太郎《けんたろう》くんの場合はどうだったのでしょう。職場《しょくば》は楢葉町《ならはまち》の木戸川《きどがわ》、でも自宅《じたく》はいわきだし、職場《しょくば》もいわきに移《うつ》している。

みんなは生きること、住む場所の確保《かくほ》に精一杯《せいいっぱい》です。しかし謙太郎《けんたろう》くんの家は被害《ひがい》が少なかった地域《ちいき》で、家に帰ればいつもと変わらず家族と温《あたた》かい食事が待っている。

このギャップに非常《ひじょう》に申し訳《わけ》なさも感じていました。

ある日の朝、謙太郎《けんたろう》くんが、早めにセンターに行き鍵《かぎ》を開けようとすると、すでに商工会の方が来ていて、鍵《かぎ》は空いていていました。

椅子《いす》に座《すわ》ってパソコンのスイッチを入れて立ち上げます。その日も楢葉町《ならはまち》の被害状況《ひがいじょうきょう》の話が始まり、世間話は原発のことばかりです。

「原発事故《じこ》大変だね」

と遠く離《はな》れた地域《ちいき》にいる人が噂《うわさ》をするのと、現地《げんち》の当事者が感じることは全く違《ちが》います。

「そう言えば、全く釣《つ》りに行ってないな」

ふと謙太郎《けんたろう》くんは思いました。

あれだけ好きだった釣《つ》りに、事故《じこ》以来1度も行っていませんでした。いや、それどころではありませんでした。

仮《かり》にストレス解消《かいしょう》のために釣《つ》りに行って、釣《つ》れた魚を触《さわ》っても大丈夫《だいじょうぶ》？　福島第1原発から大量の汚染水《おせんすい》が海に流れ出たというニュースも観《み》ました。魚どころかこの周辺の海水は大丈夫《だいじょうぶ》？　……謙太郎《けんたろう》くんも放射能《ほうしゃのう》の知識《ちしき》はありません。

「感染《うつ》るかも」

という恐怖《きょうふ》、不安、疑問《ぎもん》が当然のようにありました。

日本の科学力ですぐに原発を封《ふう》じ込《こ》められると信じていたのは甘《あま》かったようで、3か月たった今でも原子炉《げんしろ》は非常《ひじょう》に不安定でした。この先、とてつもない爆発《ばくはつ》が起きて、いわきも汚染《おせん》されてしまうのではないかという恐怖《きょうふ》は、誰《だれ》もが持っていました。

謙太郎《けんたろう》くんはいつでも避難《ひなん》できるようにと、車の中に物資《ぶっし》を積んでいました。食料、家族の着替《きが》え2日分、赤ちゃんグッズ。これだけあれば遠くへ逃《に》げて、とりあえず生き延《の》びられるだろうと思ったのです。

実は釣《つ》り具も積んでいました。避難《ひなん》した先で釣《つ》って食べようという食料確保《かくほ》のためです。ルアーやフライなら生餌《いきえ》のように保管《ほかん》に気を遣《つか》わないので便利です。

その時、

「釣《つ》りをしていてよかった」

と、強引に自分を慰《なぐさ》めたのでした。

そんな矢先に、奥山文弥《おくやまふみや》さんが家族でお見舞《みま》いに来てくれました。お父さんの保夫《やすお》さんはことのほか喜んでいました。謙太郎《けんたろう》くんは吉田光輔《よしだこうすけ》くんを誘《さそ》って提案《ていあん》しました。

「いい機会だから、被害《ひがい》の状況《じょうきょう》を見るのに沿岸《えんがん》を回ってみないか？」

奥山《おくやま》さん家族と光輔《こうすけ》くんと一緒《いっしょ》に車に乗り、まずは四倉《よつくら》まで北上してから南下し豊間《とよま》、沼ノ内《ぬまのうち》エリアを見て、小名浜《おなはま》まで来ました。

津波被害《つなみひがい》は大きく、ほぼ全滅《ぜんめつ》に近かった豊間《とよま》海水浴場周辺では、撤去《てっきょ》希望の家とそうでない家にチェックの印がついてあり、生々《なまなま》しさを感じました。ガレキは小学校の校庭に集められていて、

「この生徒たちはどこで勉強しているのだろうか」

と心配になりました。

小名浜港《おなはまこう》では光輔《こうすけ》くんの職場《しょくば》、アクアマリンふくしまを訪問《ほうもん》しました。この水族館も海辺にあるので被災《ひさい》しました。ポンプ関係の機械が地下にあったため、海水と泥水《どろみず》が入り込《こ》んで漏電《ろうでん》し、全ての機械が止まりました。

水槽《すいそう》に海水が補給《ほきゅう》されず大変なことになりましたが、翌日《よくじつ》には千葉県《ちばけん》の鴨川《かもがわ》シーワールドのスタッフが来てくれて、ゴマフアザラシやセイウチなどの海獣《かいじゅう》たちを引き取って、避《ひ》難《なん》させてくれました。その後もこちらから連絡《れんらく》していないのに、各地の水族館が次々《つぎつぎ》に来てくれて、避難《ひなん》が必要な魚たちを引き取ってくれたそうです。

また飼育員《しいくいん》の判断《はんだん》で、海に放流しても大丈夫《だいじょうぶ》そうな魚たちは、手作業でバケツに入れて海辺に持って行って放流したそうです。この時期の小名浜《おなはま》の水温は約11℃。低水温に耐《た》える魚たちは助かったわけです。

もしこの震災《しんさい》が夏だったら、海水温も20℃以上と高いので、アジアの珊瑚礁系《さんごしょうけい》の熱帯魚たちも放流することができたのにと光輔《こうすけ》くんは語りました。

一方、水族館に残し、そのまま生き延《の》びた魚もいました。日本のどこにでもいるような魚、コイやフナ、金魚、ナマズなどは生命力があり、乾電池式《かんでんちしき》のブクブクポンプなどで生き延《の》び、今も元気でいるそうです。

残念だったのは、大水槽《だいすいそう》の魚たちが全滅《ぜんめつ》したことです。ポンプが止まると、ろ過装置《かそうち》も効《き》かないので一気に水が濁《にご》り、どうすることもできなかったとか……

そんな中での吉報《きっぽう》は、鴨川《かもがわ》シーワールドに引き取られたゴマフアザラシが、赤ちゃんを産んだこと。その赤ちゃんには、「希望」という名前が付けられ、その後アクアマリンに戻《もど》って来ました。震災《しんさい》を生き延《の》びた「希望くん」ということで、とても人気者になりました。

アクアマリンふくしまの復旧《ふっきゅう》工事は急ピッチで進み、その年の11月にはリニューアルオープンをすることができました。各地の水族館の協力のおかげだと光輔《こうすけ》くんは感謝《かんしゃ》していました。

そんな頃《ころ》、光輔《こうすけ》くんから電話がありました。

「先輩《せんぱい》、釣《つ》りに行きませんか？　しばらくやってないでしょ」

とお誘《さそ》いです。

謙太郎《けんたろう》くんは釣《つ》りに行く余裕《よゆう》もなく、日々《ひび》の仕事をこなしていましたから、この時、目覚めたようにハッとし、釣《つ》り人《びと》モードにスイッチが入りました。しかし、

「海はもう大丈夫《だいじょうぶ》なのか？」

と光輔《こうすけ》くんに問うと、

「もちろん大丈夫《だいじょうぶ》ですよ。うちの水族館は今、港から海水を汲《く》み上げてますよ」

というので安心して出かけました。

この時保夫《やすお》さんや麻美《あさみ》さんは謙太郎《けんたろう》くんが何か月も釣《つ》りに行ってないので、そろそろ精《せい》神《しん》的にもダメージが深くなりすぎている頃《ころ》かなと、心配していました。しかし家族からは頑張《がんば》っている彼《かれ》に釣《つ》りに行ってきたらと促《うなが》すことはできませんでした。それで、

「光輔《こうすけ》と釣《つ》りに行ってくるよ」

と謙太郎《けんたろう》くんが言った時、ホッとしたそうです。

7か月ぶりの釣《つ》りは小名浜港《おなはまこう》周辺でのルアーフィッシング。ミノーという小魚を模《も》したルアーで、それを食べるヒラメやギンガメアジという南方系《なんぽうけい》の魚を釣《つ》りました。この時期

は黒潮《くろしお》に乗って北上し、様々《さまざま》な南方系《なんぽうけい》の魚たちが小名浜港《おなはまこう》にやってくるのです。

不思議なもので、釣《つ》りをしている時は原発事故《じこ》の不安を全く思い出さないほど夢中《むちゅう》になりました。この釣《つ》りはかなりのリフレッシュになりました。

「そうだ、俺《おれ》には釣《つ》りがある」

木戸川《きどがわ》に就職《しゅうしょく》したのもいつかサケ釣《つ》りをしたいと思ったから、そして今は木戸川《きどがわ》のサケ釣《つ》りを復活《ふっかつ》させることが目標なのだ、と改めて自分に言い聞かせられたのでした。

そのことは、その後の大きな活力にもなったのです。

２０１２年の春頃《ごろ》には、各所から避難《ひなん》してきたお店のオーナーたちが、それぞれの店をいわき市内で仮店舗《かりてんぽ》としてオープンできるようになりました。謙太郎《けんたろう》くんも県漁連の仕事で県内のアユがいる河川《かせん》に行き、アユ稚魚《ちぎょ》放流の立ち会いをしたり、アユの飼育状況《しいくじょうきょう》を見たりして大忙《おおいそが》しでした。そこで生きたアユの姿《すがた》を見て元気づけられました。

２０１３年５月に四倉《よつくら》工業団地《だんち》内に中小企業《ちゅうしょうきぎょう》の仮設事務所《かせつじむしょ》ができるということを商工会から教えてもらい、そこに事務所《じむしょ》を引っ越《こ》すことになりました。平《たいら》より四倉《よつくら》の方が木戸川《きどがわ》に近いので、立ち入りが解除《かいじょ》された今なら行きやすいからです。倉庫や広い駐車場《ちゅうしゃじょう》もあります。そして何よりも国の補助金《ほじょきん》で作られるので家賃《やちん》が安いことです。

それまで月10万円の家賃《やちん》だったのが、年間7万円ですから破格《はかく》です。しかし事務所《じむしょ》に必要な装備《そうび》は何もありませんので、借金して机《つくえ》や椅子《いす》、冷蔵庫《れいぞうこ》、エアコンやレンジなどは買い足さなければなりませんでした。

謙太郎《けんたろう》くんの仕事は、福島県内水面漁業協同組合連合会《ふくしまけんないすいめんぎょぎょうきょうどうくみあいれんごうかい》（漁連）の会長と毎日のように電話で話をすることでした。それをいわき市内の弁護士《べんごし》さんに会いに行って伝えます。そこでの面談の内容《ないよう》を議事録を作ってまた漁連に報告《ほうこく》する。というのが彼《かれ》の仕事になっていました。

漁連をはじめ、他の漁協《ぎょきょう》と弁護士《べんごし》を繋《つな》ぐ窓口《まどぐち》に謙太郎《けんたろう》くんはなっていたのでした。

漁協《ぎょきょう》の決意

立ち入りが可能《かのう》になった木戸川《きどがわ》で、役員会がたびたび行われました。まず第一にサケのふ化事業から始めようと、みんなの意見が一致《いっち》しました。

サケは生態《せいたい》的に放射能《ほうしゃのう》の数値《すうち》は出ないだろうという自信もありました。原発事故《じこ》の際《さい》にはサケは被《ひ》ばくしているはずもないのです。原発周辺の海ではなく、はるか北洋を回遊していたからです。

またサケは、稚魚《ちぎょ》を放流しないと帰ってきません。事業をスタートさせたとして、放流して帰ってくるまで最低4年かかります。順調に帰ってきてくれればいいのですが、そうでない場合、8年から10年はかかる可能性《かのうせい》も視野《しや》に入れておかなければなりません。

稚魚《ちぎょ》放流は毎年1千万尾《び》以上が必要です。震災《しんさい》前の遡上《そじょう》数に戻《もど》るには時間がかかるから、とにかくふ化事業から始めようということになりました。

事業再開《さいかい》の目標は、楢葉町《ならはまち》の避難指示解除準備区域《ひなんしじかいじょじゅんびくいき》が解除《かいじょ》された秋からとしました。また解除《かいじょ》される前は、サケが安全であることを証明《しょうめい》するために、放射能《ほうしゃのう》のモニタリング調査《ちょうさ》を行うことにしました。同時に各魚種のモニタリング調査《ちょうさ》をできる限《かぎ》り実施《じっし》し、データを取ることにしました。

このモニタリング調査《ちょうさ》に関しては、アクアマリンふくしまの吉田光輔《よしだこうすけ》くんが協力を快諾《かいだく》してくれました。町と水族館の研究室での両方で放射能《ほうしゃのう》の解析《かいせき》ができるようになったのです。

特に水族館では、飼育《しいく》魚の餌《えさ》をチェックするための放射能検出器《ほうしゃのうけんしゅつき》を早くから導入《どうにゅう》していたので、スムーズに行えました。光輔《こうすけ》くんが紹介《しょうかい》してくれたアクアマリンふくしまの環境《かんきょう》研究所の富原聖一《とみはらせいいち》さんの操作技術《そうさぎじゅつ》も素晴《すば》らしいものでした。東京からは奥山文弥《おくやまふみや》さんも協力応援《おうえん》をしてくれたので非常《ひじょう》に心強かったです。

その頃《ころ》になると、復興《ふっこう》に向けて応援《おうえん》してくれる人もいました。謙太郎《けんたろう》くんたちは心のこもったありがたい言葉をたくさんかけられました。

実際《じっさい》に助けられたことも多かったのですが、

「俺《おれ》が手伝ってやる」

というボランティアを装《よそお》った、なんと詐欺師《さぎし》まがいの人もいました。

「木戸川漁協《きどがわぎょきょう》の名前だけ貸《か》してくれれば一緒《いっしょ》に事業ができるよ」

とか、

「復興資金《ふっこうしきん》が数億円おりるので一緒《いっしょ》にやらないか」

「いわき市に加工場を作らないか」

と声をかけられました。

謙太郎《けんたろう》くんが不審《ふしん》に思い、名刺《めいし》の会社の住所を調べてみると、明らかに会社ではなく、ただの古い倉庫だったりしました。彼《かれ》らは、県内の他の漁協《ぎょきょう》にも声をかけたりしていました。震災《しんさい》後は一見、人助けのように見える話がたくさん来たのですが、そのほとんどが被《ひ》災者《さいしゃ》を利用した補助金《ほじょきん》、交付金を狙《ねら》った金儲《かねもう》けだったのです。

東電との交渉《こうしょう》と県漁連とのやりとり

東京電力が賠償金《ばいしょうきん》を出すという話は、方々《ほうぼう》から耳に入ってきました。木戸川漁協《きどがわぎょきょう》は交渉《こうしょう》を弁護士《べんごし》に任《まか》せることにしたので、謙太郎《けんたろう》くんが直接談判《ちょくせつだんぱん》に行くことはありませんでした。交渉《こうしょう》は長引き、時間ばかりが過《す》ぎていき、そのうち漁協《ぎょきょう》のわずかな貯金もなくなってしまいました。お給料が払《はら》えない状況《じょうきょう》になってしまったのです。謙太郎《けんたろう》くんもしばらくは無給でしのがなければなりませんでした。

そこで仕方なく、何年かぶりに親のお世話になることにしました。

後日談ですが、

「こんな時こそ、息子《むすこ》を助けてやらねば親と言えるか！」

と父親の保夫《やすお》さんは思っていたそうです。

親がかりになったので肩身《かたみ》がせまく、買い物や気分転換《てんかん》に出かけることもできず、かなりのストレスが謙太郎《けんたろう》くんに溜《た》まっていきました。

謙太郎《けんたろう》くんだけならともかく、麻美《あさみ》さんのストレスはその倍以上だったでしょう。よく頑張《がんば》ってくれたと思います。そして、うれしいことに、一生懸命《いっしょうけんめい》働く謙太郎《けんたろう》くんに救いの手を差し延《の》べた人も多くいました。

「鈴木《すずき》さん相変わらず大変だね」

「何がですか？」

「ずっと木戸川漁協《きどがわぎょきょう》は売上《うりあげ》ないでしょ。給料とかどうなってんの？」

「…………」

「言いにくいことなんだけどさあ……」

「よかったら木戸川《きどがわ》を諦《あきら》めてこっちへ来ないかい？」

「給料もちゃんと出るし、奥《おく》さんも安心するでしょ？」

こんな感じで、

「生活が大変だろ。うちにおいでよ」

というありがたいお誘《さそ》いはたくさんかかりました。

しかし今まで、自分の人生をかけて取り組んできた木戸川《きどがわ》のサケ増殖事業《ぞうしょくじぎょう》です。お世話になった方々《かたがた》を置いて転職《てんしょく》することができるのか？　それは自分を育ててくれた木戸川《きどがわ》を裏切《うらぎ》ることになるのではないか？　家族のためにやはりそうするべきなのか？　などと悩みました。

そんな時、麻美《あさみ》さんは、

「正直、不安がないわけじゃないよ。でも……」

と付け加え、

「あなたは自分の信じたことをやってください」

と言いました。

「それがあなただから。そういう熱心なあなたに、私《わたし》たちはついて行きます」

「それに、あなたからサケを取ったらなんの魅力《みりょく》もなくなってしまうわよ」

と、笑顔で謙太郎《けんたろう》くんを応援《おうえん》してくれたのです。

そんな時、福島県《ふくしまけん》の各内水面漁協《かくないすいめんぎょきょう》（海ではない川や湖の管轄《かんかつ》）の本部でもある漁連が声をかけてくれました。事務職員《じむしょくいん》が1名で東電や各漁協《ぎょきょう》への対応《たいおう》をしているので忙《いそが》しかったのです。

謙太郎《けんたろう》くんはアユの放流のことや、サケのふ化事業に詳《くわ》しいので、

「手伝ってくれないか？」

とのことでした。つまり、

「うちに来ないか？」

というお誘《さそ》いです。一漁協《ぎょきょう》の職員《しょくいん》が、漁連へ行くことは、会社でいえば本社栄転のようなものです。

かと言って謙太郎《けんたろう》くんは、一般《いっぱん》の事務職《じむしょく》ではなく、現場《げんば》で魚を育てるのが大好きで漁協《ぎょきょう》の仕事をしているのです。

しかし、組合長からも、

「これからのいろいろな勉強のためにも、漁連のためにも手伝ってやれ」

と言われました。つまり漁連へ行けというのです。

悩《なや》みました。相当悩《なや》みました。謙太郎《けんたろう》くんにとって木戸川《きどがわ》は、心のふるさとなのです。

何があろうと、木戸川《きどがわ》、そして木戸川《きどがわ》のサケを忘《わす》れることはできないのです。

でも、木戸川《きどがわ》以外にも自分を必要としてくれる人がいると感じた謙太郎《けんたろう》くんは、その仕事を引き受けることにしたのです。

引き受ける際《さい》に、

「木戸川漁協《きどがわぎょきょう》が本格《ほんかく》的に動き出すまで、お手伝いします」

と漁連の理事に伝えました。

つまり謙太郎《けんたろう》くんは、将来木戸川《しょうらいきどがわ》に戻《もど》ることができるような状態《じょうたい》にして、漁連の仕事を始めたわけです。

この漁連の仕事で、いろいろな場所のアユの仕入れや飼育指導《しいくしどう》、サケの採卵指導《さいらんしどう》などをして回り、謙太郎《けんたろう》くんはますます経験《けいけん》と知識《ちしき》を身につけていくことになりました。

結果的に、この経験《けいけん》と知識《ちしき》は、のちのちの謙太郎《けんたろう》くんにとって大きな財産《ざいさん》になりました。震災復興《しんさいふっこう》のさなか、文字通り「鍛《きた》えられた」と言っても過言《かごん》ではない貴重《きちょう》な経験《けいけん》になりました。

その時でも、木戸川《きどがわ》の仕事は全くないというわけではありません。復興《ふっこう》に向けて対応《たいおう》しなくてはならないこともたくさんありました。両方の仕事をすることは思った以上に大変でした。

この先いったいどうなってしまうのだろうか……前代未聞の原発被害《ひがい》は収《おさ》まることがあるのだろうか……木戸川《きどがわ》は本当に復興《ふっこう》できるのか……はたして今後、きちんと家族を養っていくことはできるのか……子どもは健康に育ってくれるだろうか……悩《なや》んだり、不安になることも多々《たた》ありました。

ですが謙太郎《けんたろう》くんは毎日汗《あせ》をかきながら、それこそ東西南北駆《か》け回り、奔走《ほんそう》しました。今自分にできること、求められていることに、魂《たましい》を込《こ》めて取り組んだのです。謙太郎《けんたろう》くんは数ある選択肢《せんたくし》から、今やるべきことを自分の頭で考え、選びました。正解《せいかい》なんて誰《だれ》にも分かりません。謙太郎《けんたろう》は自分の心に従《したが》いました。

しかし家族のため、木戸川《きどがわ》のため、サケのために頑張《がんば》るぞと、謙太郎《けんたろう》くんは一生懸命《いっしょうけんめい》働いたのです。

そして、どんな苦労があっても、麻美《あさみ》さんをはじめとする家族や友人は、謙太郎《けんたろう》くんを支《ささ》えてくれました。それに応《こた》えるように謙太郎《けんたろう》くんは奮闘《ふんとう》したのです。困難《こんなん》があったからこそ、深まる絆《きずな》があることを、謙太郎《けんたろう》くんは知ったのです。

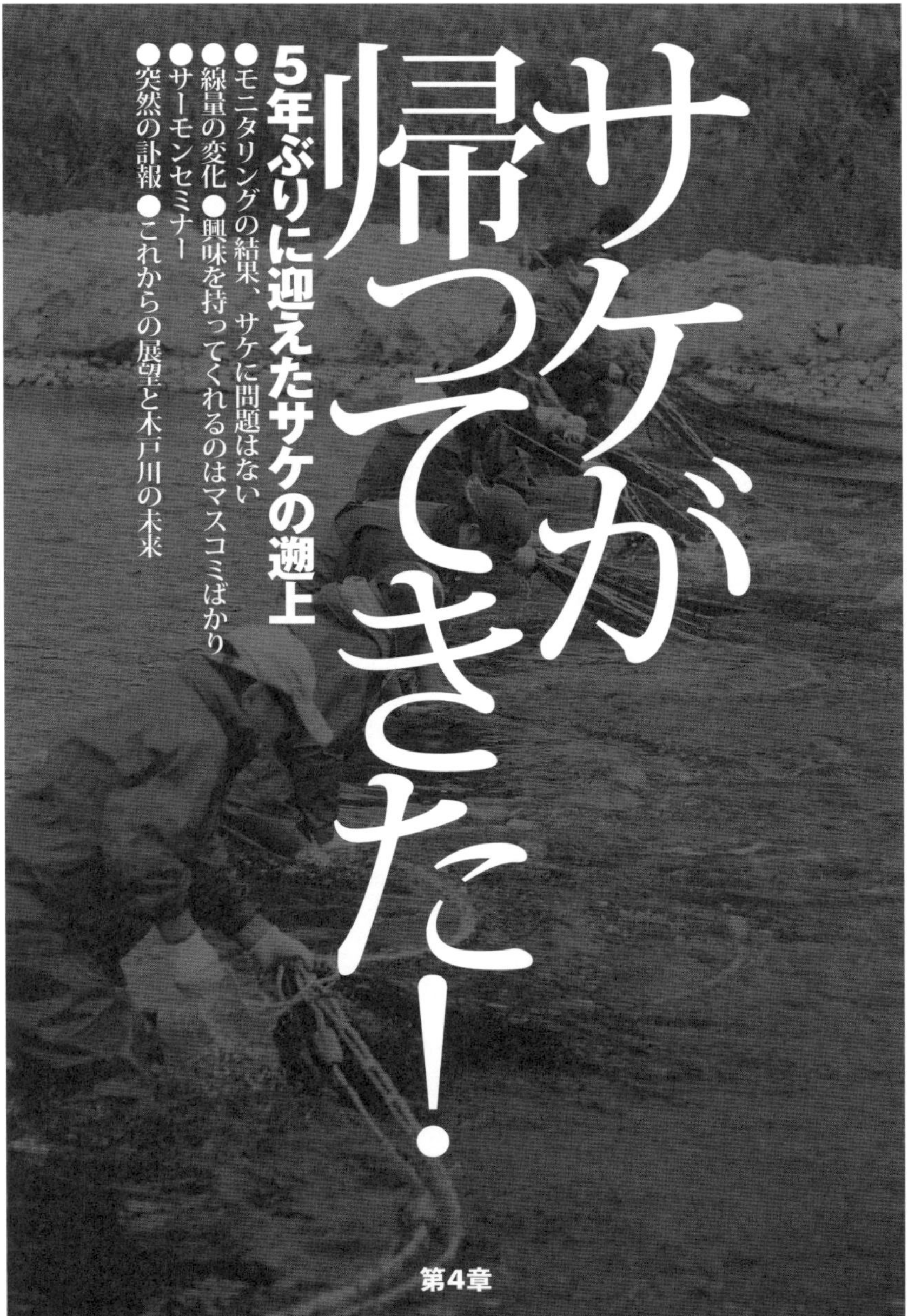

第4章

サケが帰ってきた！

5年ぶりに迎えたサケの遡上

●モニタリングの結果、サケに問題はない
●線量の変化
●興味を持ってくれるのはマスコミばかり
●サーモンセミナー
●突然の訃報
●これからの展望と木戸川の未来

モニタリングの結果、サケに問題はない

放射性物質《ほうしゃせいぶっしつ》のモニタリング調査《ちょうさ》は、２０１２年秋から本格《ほんかく》的に始まりました。

ここでのモニタリングとは、木戸川《きどがわ》におけるサケを中心とした魚類の放射線《ほうしゃせん》量の計測《けいそく》を継続《けいぞく》的に行うことでした。

漁協施設《ぎょきょうしせつ》周りの空間線量ももちろん心配でしたが、まずは第一に木戸川《きどがわ》と井出川《いでがわ》（木戸《きど》川《がわ》漁協管轄《ぎょきょうかんかつ》の川）からだと考えた謙太郎《けんたろう》くん。

今現在《げんざい》どれだけの値《あたい》があるか知らないことには、どれだけ数値《すうち》が下がったのかも分かりません。できれば原発事故《じこ》の年から始めたかったのですが、それを県に申請《しんせい》すると却下《きゃっか》されました。警戒区域《けいかいくいき》内での魚類捕獲《ほかく》は絶対《ぜったい》に認《みと》めないと言われてしまったのです。

しかし翌年《よくねん》、２０１２年から避難指示解除準備区域《ひなんしじかいじょじゅんびくいき》に編成《へんせい》され（つまり立ち入り禁止《きんし》は解除《かいじょ》）、モニタリング調査《ちょうさ》であれば魚類の捕獲《ほかく》を認《みと》めるということになりました。もちろん一般《いっぱん》の人は、サケ以外の魚でも釣《つ》ることはできません。

そこで空間線量を気にしながら、サケを中心に少しずつ始めることにしました。

秋、奥山《おくやま》さんが東京海洋大学の学生と一緒《いっしょ》に東京から来てくれました。謙太郎《けんたろう》くんは事前の打ち合わせで、サケだけでなく、ヤマメやサクラマスなども捕獲《ほかく》してモニタリングし、渓流釣《けいりゅうづ》りも早く解禁《かいきん》できるようにできればいいと願いを伝えてありました。

まずは午前中、木戸川《きどがわ》の中流域《ちゅうりゅういき》、高速道路の橋脚《きょうきゃく》の辺りから投網《とあみ》などを使ってコイの仲間などを捕獲《ほかく》することに決めました。謙太郎《けんたろう》くんの後輩職員《こうはいしょくいん》は見事な投網技術《とあみぎじゅつ》で、次々《つぎつぎ》と獲《と》っていきます。ここではオイカワやウグイ、コイなどが獲《と》れました。しかし1年半もの間、立ち入り禁止《きんし》で禁漁《きんりょう》になっていた割《わり》には魚が少ないように感じました。

「釣《つ》り禁止《きんし》なのに魚が残っていない。どうしたんだ？」

調査参《ちょうさ》加のみんながそう思いました。

「もしかしたら放射能《ほうしゃのう》が関係しているのか？」

「まさか内緒《ないしょ》で釣《つ》りしている人がいるとか？」

など余計《よけい》なことは考えたくありませんでしたが、それほど魚は少なかったのです。

もっとも、この時季すでにサケが川を上り始めていましたから、川の上流を目指すサケに追従《ついじゅう》して上流へ行ってしまった魚も多かったのではないかと思います。

午後は上流へ行ってみました。悦男《えつお》さんが経営《けいえい》していた「木戸川《きどがわ》キャンプ場」の辺りから調査《ちょうさ》です。ちょっと上流の女平橋《おんなだいらばし》の上から眼下《がんか》に広がる淵《ふち》は見事なものでしたが、魚の影《かげ》は見えません。観光シーズンになるとこのキャンプ場が大勢《おおぜい》の人で賑《にぎ》わっていたことを思い出しながら、魚を探《さが》します。

サクラマスは40㎝ぐらいの大きさがあるので、泳いでいれば見えるはずです。しかし全く見つかる気配はありませんでした。そして気づくと、今までいた奥山《おくやま》さんの姿《すがた》が見えないではありませんか。

「え、奥山《おくやま》さんどこへ行った？」

「さっきまでここにいたんだけど」

「まさか流された？」

「そんな、流されるような人じゃないよ」

とみんなで大騒《おおさわ》ぎした時、

「プルプルプル……」

携帯電話《けいたいでんわ》が鳴りました。奥山《おくやま》さんからです。

「まさかSOS？」

と案じていたら、

「橋の上から見下ろすと、小さい沢《さわ》が見えるでしょ？」

と奥山《おくやま》さん。

見ると、右岸際《ぎわ》にほんの少量の水が流れ込《こ》んでいるのが見えました。

「はい見えますよ。そこですか」

「大型のランディングネット持って、その沢《さわ》を上がってきて」

ランディングネットは、釣《つ》りに使うネットで、かかった魚を最後にすくうものです。奥《おく》山《やま》さんがそう言うので、ランディングネットを３つ車から出し、上って行きました。

沢《さわ》の入口は木が覆《おお》いかぶさり、一見見落としそうな場所でした。魚獲《と》りというより、昆《こん》虫採集《ちゅうさいしゅう》に行くような感じでした。

しばらく沢《さわ》を上ると、ちょっとひらけてきて、そこには笑顔の奥山《おくやま》さんがいました。足元にはスーパーマーケットのカゴがなぜか置いてありました。

「なんですかこのカゴは？」

とのぞくと、そこには婚姻《こんいん》色（産卵期の体色）で赤く染《そ》まったサクラマスが入っています。

「この沢《さわ》が怪《あや》しいと思って、上ってきたらさ、いたんだよこいつが」

「手づかみは無理だと思って見回したら、このカゴが落ちてたんだ」

そのカゴは楢葉《ならは》町内のスーパーマーケットのものでした。

「この先にもっといるよ」

と教えてくれたので、ランディングネットで捕獲《ほかく》を開始しました。ここでサクラマスの大量捕獲《ほかく》に成功しました。

翌月《よくげつ》、本格的《ほんかく》なサケの遡上《そじょう》シーズンが始まりました。調査《ちょうさ》を開始するにあたって、久《ひさ》しぶりに漁協《ぎょきょう》の組合員の皆《みな》さんが集まりました。皆《みな》さんはウエイダーとカッパに身を包み、サケ漁の格好《かっこう》をして、ニコニコしていました。

サケを捕獲《ほかく》するのは2年ぶりだからです。ヤナ場《ば》はありませんが、サケは今までの捕獲《ほかく》場にもいます。目の前を泳ぐサケを見て血が騒《さわ》がないわけがありません。やっぱり漁師《りょうし》は魚を獲《と》ってこそ漁師《りょうし》です。

それまでに整備《せいび》しておいた漁網《ぎょもう》を出してきました。木戸川《きどがわ》特有のあわせ網《あみ》（第1章参照）を行うのです。下流側に手際《てぎわ》よく網《あみ》を張《は》っていきます。そして上流からもう1枚網《まいあみ》を流して追い込《こ》み、2枚《まい》の網《あみ》で挟《はさ》んで捕獲《ほかく》します。

モニタリングはオスの身、そして生殖腺《せいしょくせん》である白子《しらこ》、メスの身と卵《たまご》の4か所《しょ》の線量を測《そく》定《てい》します。捕獲《ほかく》したサケを河原《かわら》の1か所《しょ》に集め、オスとメスを仕分けます。本来ならこれ

をふ化場に持って行き、採卵《さいらん》の対象になるわけですが、今はその設備《せつび》はありません。土手を隔《へだ》てた向こう側の漁協《ぎょきょう》の事務所《じむしょ》や施設《しせつ》は、まだ地震《じしん》や津波被害《つなみひがい》を受けたままになっているからです。線量を測《はか》るには、サケの部位を切り刻《きざ》んでからドロドロになるまでかき混《ま》ぜて測定器《そくていき》に入れます。

河原《かわら》でサケの解体《かいたい》が始まりました。久《ひさ》しぶりに見るサケの切り身は真っ赤でした。メスからはイクラがこぼれます。

「もったいないな〜」

漁労長の渡辺忠男《わたなべただお》さんが言いました。

「獲《と》っても売っちゃいけないんじゃな〜」

という人もいました。

県からの許可《きょか》が出ていないこと、そして施設《しせつ》がまだ整っていないことを恨《うら》むような会話も続きます。さらに、

「このサケの補償《ほしょう》はどうなんだろうな〜」

「これだったら釣《つ》ってもらえば喜ばれるのにな」

みんなが売り先のない、行き先のないサケの利用法を案じていました。モニタリング調《ちょう》

査《さ》はその年10回行いました。その後の2年間は年8回行いました。全てがＮＤ。放射性物《ほうしゃせいぶっ》質《しつ》は検出《けんしゅつ》されませんでした。

線量の変化

サケ以外の魚は投網《とあみ》で捕獲《ほかく》し、検査《けんさ》に出しました。

木戸川《きどがわ》のアユは、調査《ちょうさ》開始の２０１２年には最大値《さいだいち》３８０ベクレルが出ましたが、年々数値《すうち》は下がり、２０１６年は最大で20・７ベクレルでした。井出川《いでがわ》のアユは木戸川《きどがわ》のおおよそ2倍ぐらいの数値《すうち》でした。

木戸川《きどがわ》のヤマメ、イワナは最初の２０１２年には、最大値《さいだいち》でも本流は国の定めた安全基《き》準値《じゅんち》１００ベクレルを下回るレベルで、２０１６年はＮＤ（不検出《けんしゅつ》）～13・６ベクレルでした。

これは問題なしの数値《すうち》ですが、上流部の各支流《しりゅう》では２０１６年になっても最大値《さいだいち》で１９０・９ベクレル出ていて、ほとんどが安全基《き》準値《じゅんち》を超《こ》えています。イワナよりもヤマメの方が少し数値《すうち》は高い傾向《けいこう》です。

井出川《いでがわ》は木戸川《きどがわ》の上流の支流《しりゅう》と同じレベルで、未だにヤマメもイワナも半分ぐらいが基《き》準値《じゅんち》を超《こ》えています。

これは、上流の山々《やまやま》の森の中に降《ふ》ったセシウムが落ち葉や土中に溜《た》まり、そこで棲息《せいそく》する昆虫《こんちゅう》などをイワナやヤマメが食べるので、体内に蓄積《ちくせき》されているのだろうと考えられます。

興味《きょうみ》を持ってくれるのはマスコミばかり

立ち入り禁止《きんし》が解除《かいじょ》になった時、楢葉町《ならはまち》に戻《もど》ってきたのは、自分の家を心配する住民や行政《ぎょうせい》関係、そして謙太郎《けんたろう》くんのように職場《しょくば》が現地《げんち》にある人々《ひとびと》でした。

国道6号線を行き交う車両は、原発周辺での復旧《ふっきゅう》作業に携《たずさ》わる人たちのものでした。前述《ぜんじゅつ》のように、当初は空き巣も入りましたが、警察《けいさつ》のパトロールの強化でそれは徐々《じょじょ》に減《へ》りました。

観光客は皆無《かいむ》でした。もともと観光資源《しげん》がほとんどない楢葉町《ならはまち》です。それでも夏は川や砂浜《すなはま》があるので人は集まりましたが、キャンプ場や宿泊《しゅくはく》施設《しせつ》も再開《さいかい》のめどが立っていませんでした。それよりも、立ち入りは昼間だけという規則《きそく》になっていましたから、まず観光客の訪問《ほうもん》を期待するのは無理なのでしょう。

それでも謙太郎《けんたろう》くんは、興味《きょうみ》本位でサケを見にくる人などがいないか期待しました。しかし、約1年半、人が全く住んでいないあれ放題のこの地域《ちいき》は、全く見放されてしまったかのようです。原発への恐怖心《きょうふしん》もあったかもしれません。

もっと原発に近い町では、未だに立ち入り禁止《きんし》です。そういう場所では、家畜《かちく》が野生化していたりして危険《きけん》なぐらいだと報道《ほうどう》されていました。謙太郎《けんたろう》くんが楢葉町《ならはまち》を見て回ったところ、そういう気配はありませんでした。

木戸川《きどがわ》から少し北を流れている井出川《いでがわ》の河口《かこう》付近に行ってみました。そこになぜか1軒《けん》だけ、津波《つなみ》に流されないで残った家がありました。津波《つなみ》で何も残っていない場所にぽつんと建っているのです。

基礎《きそ》がしっかりしているのか、たまたま引き波でも他の障害物《しょうがいぶつ》の衝突《しょうとつ》を避《さ》けられたのかは定かでなかったのですが、

「金持ちが作る家はしっかりしてるな」

と地元の人々《ひとびと》は噂《うわさ》していました。

観光客は全くいませんでしたが、時おり都内や他県ナンバーの車が町中《まちなか》を走っていて、

「なんだろうな、あの人たち？」

と不思議に思っていたところ、ある日、

「こんにちは、ちょっとお邪魔《じゃま》していいですか？」

と漁協《ぎょきょう》にもやってきた人たちがいました。

報道陣《ほうどうじん》でした。テレビ、ラジオ、新聞などマスコミの人々《ひとびと》です。

最初は組合長が対応《たいおう》していましたが、すぐに、

「謙太郎《けんたろう》くん、君を広報担当《こうほうたんとう》にするから対応《たいおう》してね」

と、バトンタッチされました。

マスコミ陣《じん》は次々《つぎつぎ》に現《あらわ》れ、何度も何度も同じ質問《しつもん》をしてきます。それでも謙太郎《けんたろう》くんは、楢葉《ならは》の未来、木戸川《きどがわ》のサケの話など、復興《ふっこう》に向けて少しでも明るい話をと誠心誠意《せいしんせいい》に対応《たいおう》しました。

「震災復興《しんさいふっこう》未だ進まず」

「住民未だ戻《もど》らず」

他の震災《しんさい》関連ニュースは暗い内容《ないよう》ばかりなのでした。しかし木戸川《きどがわ》が載《の》った記事や放送

された内容《ないよう》は、夢《ゆめ》のある明るいもので、

「新聞読んだよ」

「テレビ観《み》たよ」

と行き交う人たちからも声をかけられるようになりました。

そして10月、サケの遡上《そじょう》が始まりました。

モニタリング調査《ちょうさ》のためのサケ漁が始まると、マスコミはさらに増《ふ》えました。サケが遡《そ》上《じょう》するちょっと前の9月頃《ごろ》から、漁協《ぎょきょう》へ一般《いっぱん》の方からの電話が多くなりました。

「立ち入り禁止解除《きんしかいじょ》になったけどサケ釣《つ》りはできるの？」

という問い合わせばかりです。

もちろんまだ許可《きょか》になっていません。申し訳《わけ》なくお断《ことわ》りのことばを繰《く》り返すたびに、謙《けん》
太郎《たろう》くんは思うのでした。

「楢葉町《ならはまち》を、木戸川《きどがわ》を有名にしたのはサケだ」

組合長も同じことを考えていました。

いや、組合員全員がそう考えていたのでしょう。

いつしか、

「楢葉《ならは》はサケで復興《ふっこう》する！」
これがスローガンのようになりました。

サーモンセミナー

2013年に入ると、楢葉《ならは》の町中《まちなか》や郊外《こうがい》での本格《ほんかく》的な除染《じょせん》作業が始まりました。セシウムは落ち葉や雑草《ざっそう》に溜《た》まるので、それを刈《か》り取り、黒い袋に詰《つ》めて、1か所《しょ》に集めるのです。

それまで草ぼうぼうだった土地は、徐々《じょじょ》にスッキリし始めました。その代わりに黒い袋に詰《つ》められた除染《じょせん》対象物が次々《つぎつぎ》と積み上げられて、不気味な雰囲気《ふんいき》でした。

組合長は松本秀夫《まつもとひでお》さんに変わりました。リタイヤした悦男《えつお》さんも、みんなが苦労をしているのを見かねて、というよりはサケ男の血が騒《さわ》いだのでしょうか、監事《かんじ》として復活《ふっかつ》しました。

悦男《えつお》さんの口癖《くちぐせ》は、
「鈴木《すずき》くん、木戸川《きどがわ》の将来《しょうらい》は若《わか》い君にかかっている」

でした。

「今の役員をフォローし、頑張《がんば》ってくれ」

と相変わらずいつも応援《おうえん》の声をかけ、可愛《かわい》がってくれました。

しかし、まだ採卵《さいらん》や、受精《じゅせい》、育成作業はありません。

モニタリング調査《ちょうさ》の結果はいつもNDなのに、県からは捕獲許可《ほかくきょか》が下りないのです。ですから出荷もできません。もちろん釣《つ》りもすることはできません。

この年、町内の各所にある民宿や旅館などが営業《えいぎょう》を再開《さいかい》したかと思いきや、そこは東電の作業員の宿舎《しゅくしゃ》として利用され、一般客《いっぱんきゃく》が宿泊《しゅくはく》することはできませんでした。モニタリング調査《ちょうさ》に参加してくれている奥山《おくやま》さんや東京海洋大学の学生も、いわき市内に宿泊《しゅくはく》して木《き》戸川《どがわ》まで通ってくれていました。

２０１４年も事務所《じむしょ》は木戸川《きどがわ》に戻《もど》ることはできませんでした。周辺の片付《かたづ》けなどは相当進み、あとは工事業者が決まって修復《しゅうふく》作業や新しい機材の搬入《はんにゅう》をすれば大丈夫《だいじょうぶ》なところまで来ていましたが、相変わらず捕獲《ほかく》はモニタリング調査《ちょうさ》のみでした。

それでも謙太郎《けんたろう》くんは、漁連の仕事や木戸川《きどがわ》の交付金や、補助金《ほじょきん》などの申請《しんせい》書類の作成やサケ増殖《ぞうしょく》に関する講習会《こうしゅうかい》に大忙《おおいそが》しでした。有名になった謙太郎《けんたろう》くんを招《まね》いての勉強会もありました。

サケの時期になるとマスコミ取材があり、謙太郎《けんたろう》くんは対応《たいおう》に追われました。ほかの理事や組合長たちは、

「俺《おれ》たちはいいから謙《けん》ちゃんが対応《たいおう》しなよ」

と、テレビ出演《しゅつえん》を勧《すす》めてくれているのか、自分たちは出るのが嫌《いや》だから謙太郎《けんたろう》くんに対応《たいおう》を押《お》し付けているのか分からない状態《じょうたい》でした。

2015年に入ると様子が変わってきました。復興庁《ふっこうちょう》から派遣《はけん》されて来てくれた職員《しょくいん》さんの活躍《かつやく》で、それまで申請《しんせい》してきていた補助金《ほじょきん》や交付金などを受け取れるようになり、予算のめどが立ちました。工事の業者も、それまではもっと原発に近い場所での作業に追われてなかなか受けてくれなかったのですが、やっと工事をしてくれるようになりました。

その年の秋には新しいふ化場施設《しせつ》も完成し、採卵《さいらん》が可能《かのう》になるだろうと、復旧《ふっきゅう》の兆《きざ》しが見えてきました。そういう経緯《けいい》を県に報告《ほうこく》すると2015年から漁業捕獲《ほかく》ができるかもしれないということでした。

県の担当者《たんとうしゃ》も応援者《おうえんしゃ》の1人で、なんとか木戸川《きどがわ》のサケの事業を再開《さいかい》してほしいと願って

いましたが、決められた法律《ほうりつ》、規則《きそく》に縛《しば》られてなかなか思うように進まなかったらしいのです。

一生懸命《いっしょうけんめい》になっている謙太郎《けんたろう》くんを見て交付金の申請書《しんせいしょ》の書き方をアドバイスしてくれたりして、ここでも謙太郎《けんたろう》くんはみんなに助けられているんだなと感じました。

そして、ふ化場施設《しせつ》も完成の見込《みこ》みが立ち、それに続いてサケの捕獲許可《ほかくきょか》が下りました。この年からふ化事業が再開《さいかい》できます。5年ぶりの仕事です。喜びと感動、うれしさ、ワクワクドキドキ感、全てのいい気持ちが謙太郎《けんたろう》くんを包みました。

しかし現実《げんじつ》は厳《きび》しく、ここでも人手不足、資材《しざい》不足などが重なり、川からの取水工事が進まず、ふ化場施設《しせつ》に水が引き込《こ》めなくなるという事態《じたい》が発生。サケは上ってきているのに、出荷はできても採卵《さいらん》ができないという状況《じょうきょう》になりました。

モニタリング捕獲《ほかく》でない漁の再開《さいかい》に、みんなの気分は盛り上がりました。渡辺《わたなべ》漁労長をはじめ役員の方々《かたがた》のとてもうれしそうな顔が忘《わす》れられません。

遡上《そじょう》数はやや少なめに感じましたが、再開《さいかい》したこの年に帰ってきたサケの中には何匹《びき》か、あの津波《つなみ》に襲《おそ》われた池の中から逃《に》げ出したものもいるかもしれない。そう思うとさらに、うれしくなりました。

その秋、東京海洋大学でフィッシングカレッジという公開講座《こうざ》を行っていた奥山《おくやま》さんが、その特別郊外《こうがい》活動として「福島県楢葉町木戸川復興応援《ふくしまけんならはまちきどがわふっこうおうえん》サーモンセミナー」を1泊《ぱく》2日《か》で開催《かいさい》してくれました。

参加者は全て福島県外からでした。木戸川《きどがわ》の河畔《かはん》が明るくなったような気がしました。初日はサケのあわせ網《あみ》など、捕獲《ほかく》作業のお手伝い。夜は、その年から一般《いっぱん》向けに営業《えいぎょう》を開始した天神岬《てんじんみさき》のサイクリングターミナルに宿泊《しゅくはく》。そこでは鈴木謙太郎《すずきけんたろう》くん、吉田光輔《よしだこうすけ》くん、奥山文弥《おくやまふみや》さんによるサケ学入門、そしてサケの魅力《みりょく》を語る講義《こうぎ》を行いました。映写機《えいしゃき》がなかったので、あらかじめ用意した大型の紙芝居《かみしばい》のような図を使っての解説《かいせつ》で、木戸《きど》ザケの素晴《すば》らしさを参加者皆《みな》さんが理解《りかい》してくれたようでした。

漁協《ぎょきょう》の役員、組合員の方々《かたがた》の笑顔も絶《た》えませんでした。このイベントで20人以上の県外からの人が来てくれたのです。特に女性《じょせい》ファンが目立ちました。

感激《かんげき》でサケを抱《だ》きしめる人、サケと河原《かわら》で添《そ》い寝《ね》して写真を撮《と》る女性《じょせい》。参加者みんなの感動が、漁協《ぎょきょう》の人々《ひとびと》を喜ばせました。

漁労長は、

「女性《じょせい》が来てくれるっていいね〜」

とニヤニヤしていました。

そしてサーモンセミナーの1週間後、サケ釣《つ》りをすることができました。釣獲調査《ちょうかくちょうさ》の一《いっ》環《かん》として、漁協《ぎょきょう》関係者による試し釣《づ》りを行うことができたのです。

これは松本《まつもと》組合長と元組合長の悦男《えつお》さんの、

「木戸川《きどがわ》はサケで復興《ふっこう》する」

という思いが通じて、組合員全体の希望を県が認《みと》めてくれたからこそ実現《じつげん》したものでした。試し釣《づ》りなので一般公募《いっぱんこうぼ》はできません。漁協《ぎょきょう》関係者の約30人で行いました。ルアーとフライによる釣《つ》りを行いましたが、結果は十分で、川に上がってもやる気満々《まんまん》の木戸《きど》ザケは健在《けんざい》でした。この模様《もよう》をマスコミが取材し放送したので、「木戸川《きどがわ》サケ有効《ゆうこう》利用釣獲調査《ちょうかくちょうさ》復活《ふっかつ》」と勘違《かんちが》いして、

「来年から再開《さいかい》するのか？」

「どうやって申し込《こ》めばいいのか？」

とサケ釣《つ》りを楽しみにしている人たちからの問い合わせが漁協《ぎょきょう》に殺到《さっとう》しました。

漁協《ぎょきょう》で事情《じじょう》を説明すると、試し釣《づ》りが一般公募《いっぱんこうぼ》されなかったことに対して、

「俺《おれ》は木戸川《きどがわ》のことが大好きなのに」

「不公平だ」

と嘆《なげ》いたり文句《もんく》を言ったりする人もいました。悲しいことにそういう人たちは、震災《しんさい》後1度も木戸川《きどがわ》を訪問《ほうもん》していないそうです。

試し釣《づ》りは静かに行《おこな》ったつもりでしたが、あまりにも反響《はんきょう》が大きかったため、

「来年から釣獲調査《ちょうかくちょうさ》が再開《さいかい》できればいいな」

と、密《ひそ》かに謙太郎《けんたろう》くんは思っていました。

その頃《ころ》やっと施設《しせつ》が完成し、ふ化事業が本格《ほんかく》的に再開《さいかい》しました。

その後の捕獲採卵《ほかくさいらん》作業も順調でした。謙太郎《けんたろう》くんはメスザケのお腹《なか》から卵《たまご》を取り出すたびに、

「ああ、俺《おれ》はこれをやるためにこれまで我慢《がまん》してきたんだ。一生懸命頑張《いっしょうけんめいがんば》ってきたんだ」

とそれまでの苦労が吹き飛《ふ》ぶような思いでした。

シーズン終盤《しゅうばん》になり、水が冷たくなっても謙太郎《けんたろう》くんは全く気にならず、卵《たまご》を取り出し、受精《じゅせい》作業に精《せい》を出したのです。

突然《とつぜん》の訃報《ふほう》

翌《よく》2016年は記念すべき、というよりも特殊《とくしゅ》な年でもありました。まず5年ぶりに稚《ち》魚《ぎょ》放流が再開《さいかい》されました。前年から始まったふ化事業で最初にふ化したサケ稚魚《ちぎょ》たちです。可愛《かわい》くないわけがありません。

サケ放流再開《さいかい》の噂《うわさ》を聞きつけて、また多くのマスコミ関係者が集まる中、避難《ひなん》していた地元の方々《かたがた》も何名か参加してくれました。東京からも数名の訪問《ほうもん》があり、いよいよ木戸川《きどがわ》は復興《ふっこう》に向けて出発したように見えました。

アユの育成事業はまだ始まっていませんでしたが、木戸川《きどがわ》はサケあってのものです。そう思って謙太郎《けんたろう》くんは、今度は秋のサケの回帰を楽しみにしていました。

夏が過《す》ぎ、そろそろサケ遡上《そじょう》を迎《むか》える準備《じゅんび》を考えなければならないなと思っていた矢先、悦男《えつお》さんが亡《な》くなったというのです。

持病が急変したそうです。以前から調子が悪いとは言っていましたが、どう悪いのかは謙太郎《けんたろう》くんには教えてくれていませんでした。

心不全だったそうです。

自分にサケの魅力《みりょく》を教えてくれた。自分をとっても可愛《かわい》がってくれた。ここまで自分を育ててくれた。木戸川《きどがわ》のサケ釣《つ》りで将来《しょうらい》への希望を繋《つな》いでくれた。その悦男《えつお》さんが亡《な》くなってしまいました。

悲しみの中に感謝《かんしゃ》の気持ちをたくさん込《こ》めて、葬儀《そうぎ》の焼香《しょうこう》をしました。

「悦男《えつお》さんの遺志《いし》は俺《おれ》が継《つ》ぐ」

謙太郎《けんたろう》くんは改めて決心しました。

悦男《えつお》さんが逝《い》ってしまった翌月《よくげつ》、サケが帰ってくるシーズンになりました。

このサケたちは特別です。

それまでの遡上《そじょう》サケは、ほぼ全て謙太郎《けんたろう》くんがふ化させた稚魚《ちぎょ》が放流され、母川回帰《ぼせんかいき》したものです。

サケは通常《つうじょう》海に降《くだ》ってから4年で川に戻《もど》ってきます。平均《へいきん》のサイズは75㎝前後。重さでいうと3〜4㎏です。例外的に早いものでは1年で帰ってきます。その魚は小さくて50㎝ぐらい。重さは1㎏前後で、なぜかオスばかりです。

遅《おそ》いと7年かかって帰ってくることもあります。そういう魚は海で十分な栄養を摂《と》っていますから、大きいのが特徴《とくちょう》。長さで90㎝、重さでは10㎏を超《こ》える巨体《きょたい》のものもいるほどです。

ただし、それらの数は全体の10％以下です。ほとんどが4年で帰ってくるのです。ということは、この年帰ってきたサケのほとんどが4歳《さい》だとすると、2012年に海に降《お》りたサケたちです。生まれたのは2011年。つまり震災《しんさい》の年です。

立ち入り禁止《きんし》になっていたところを、謙太郎《けんたろう》くんが許可《きょか》を取って木戸川《きどがわ》にきて見たものは自然産卵《さんらん》でした。

そうです、この2016年に木戸川《きどがわ》に帰ってきたサケたちは、2011年の遡上《そじょう》魚たちが自分たちの力で産卵《さんらん》し、ふ化して海に降《くだ》り、帰ってきたものたちです。人の手を借りない野生のサケといってもよいでしょう。

震災《しんさい》を乗り越《こ》え、しっかりと子孫を残し、次の世代に繋《つな》げているのです。

川に上ってくる前からそれは分かっていましたが、最初のサケが来た時は役職員《やくしょくいん》一同大喜びでした。そして謝《あやま》りました。

「あの時、何もしてあげられなくてごめんね」

お詫《わ》びの気持ちと、

「帰ってきてくれてありがとう」

感謝《かんしゃ》の気持ちが湧《わ》き上がってきました。

そして、

「悦男《えつお》さん、あなたが手がけたサケが震災《しんさい》を乗り越《こ》え、自分たちの力で子孫を残して帰ってきましたよ」

天国にいる悦男《えつお》さんに謙太郎《けんたろう》くんは話しかけました。

サケたちは野生の困難《こんなん》を乗り越《こ》えて帰ってきたのです。遡上《そじょう》数は前年度よりやや少ない数でした。

そしてそれは最盛期《さいせいき》の10分の1以下でした。震災《しんさい》前は10万尾《び》を超《こ》えるサケが上った年もありました。しかしこの年は約7300尾《び》でした。

この数を少ないと感じますか？　数字で言えば確《たし》かに少ないでしょう。ただ、自然産卵《さんらん》でこれだけ上って来たのですから、サケの繁殖能力《はんしょくのうりょく》を賞賛《しょうさん》すべきではないでしょうか？

我《わ》が国では、数十年にわたってサケのふ化事業は行《おこな》われてきました。そのサケが今、人の手を介《かい》さなくても、これだけ上ってきています。

震災《しんさい》の年に見た川一面に広がって産卵《さんらん》するサケたち。あのサケたちの子どもが、自ら海へ出て、北洋を回遊して、またこんなに大きく育って帰ってきているのです。

10月末にはまたサーモンセミナーが開催《かいさい》されました。２０１５年から連続で参加する人、こうやって木戸川《きどがわ》を応援《おうえん》するのだと方法が分かった新規《しんき》の参加者で盛《も》り上がりました。

でも、回帰数が少ないことで困《こま》ることがありました。販売用《はんばいよう》の魚が減《へ》ることです。獲《と》ったサケは、採卵《さいらん》用と販売《はんばい》用に分けられます。販売《はんばい》用が漁協《ぎょきょう》の主な収入源《しゅうにゅうげん》になるわけです。

これから努力して回帰数を増《ふ》やさなくてはいけないので、採卵《さいらん》用に魚をたくさん使ってしまうと、売る分がなくなります。特にメスはイクラが主要な商品ですが、この年は需要《じゅよう》に対して全く足りませんでした。

「木戸川《きどがわ》にサケが帰ってきた」

マスコミの報道《ほうどう》で観光客も増《ふ》えました。

販売所《はんばいじょ》を訪《おとず》れる方に、

「イクラないの？」

と聞かれるたびに心が痛《いた》みました。

これからの展望《てんぼう》と木戸川《きどがわ》の未来

木戸川《きどがわ》のサケは自然繁殖《はんしょく》でも帰ってくることが分かりました。謙太郎《けんたろう》くんの手を経《へ》た稚《ち》魚《ぎょ》を放流すれば、さらにたくさんのサケが帰ってくることでしょう。

人工授精《じゅせい》と自然産卵《さんらん》の大きな違《ちが》いは、前者は産卵《さんらん》からふ化、稚魚《ちぎょ》になるまで全て人の手で守られますから、歩留《ぶど》まりがいいのです。歩留《ぶど》まりとは、死んだり食べられたりする分と生き残っていく分との割合です。

一方自然産卵《さんらん》ですと、メスが卵《たまご》を放出しても、全ての卵《たまご》にオスの精子《せいし》がかかるわけではないので、受精《じゅせい》せずに死んでしまうことがあります。また産卵《さんらん》直後に他の生物に食べられてしまうこと。特に川に滞在《たいざい》しているヤマメやイワナ、河口《かこう》からついてくるマルタやウグイなどは好んでサケの卵《たまご》を食べます。そしてカモメもイクラが大好きです。

そして他のサケのカップルも敵《てき》になります。最初のカップルが受精《じゅせい》を終えて、力尽《つ》き、その場を離《はな》れると、その産卵床《さんらんしょう》は無防備《むぼうび》です。

遅《おく》れて上ってきたメスが同じ場所で掘《ほ》り始めます。すると前に産卵《さんらん》されたものは、静かに発生を待っているのに、掘《ほ》り返されて下流に流されてしまうのです。これでは自然産卵《さんらん》の卵《たまご》自体がふ化までたどり着けないという状況《じょうきょう》になります。

もちろん、川の水は水位調整や温度調整などできませんから、掘《ほ》り返されずにいた卵《たまご》も安全とは言えません。卵《たまご》の状態《じょうたい》、あるいは稚魚《ちぎょ》の状態《じょうたい》であっても非常《ひじょう》に過酷《かこく》な条件《じょうけん》で育っていると言えます。

人間以外の全ての生物が、このように自然と戦いながら繁殖《はんしょく》しているわけです。それゆえに自然繁殖《はんしょく》で育った魚は強いと言えます。

ですがそれは理想で、人とサケの繋《つな》がりの中では、強い魚よりもたくさん帰ってきてほしいわけですから、ふ化事業は欠かせません。

ふ化場設備《せつび》が整った今、木戸川《きどがわ》ではどんどんふ化事業を拡張《かくちょう》し、回帰数を増やす計画です。回帰数が10万尾《まんび》を超《こ》えれば採卵《さいらん》用、販売《はんばい》用も十分に確保《かくほ》でき、またサケ有効《ゆうこう》利用、釣《ちょう》獲調査《かくちょうさ》を始めることも可能《かのう》になります。

遡上《そじょう》数が少ないから、売り上げ確保《かくほ》のために釣獲調査《ちょうかくちょうさ》を行って、調査《ちょうさ》参加費から利益《りえき》を生み出すことも可能《かのう》です。もともと釣獲調査《ちょうかくちょうさ》は遡上《そじょう》数があるのに売り上げが落ちていく中で、その対策《たいさく》として始まったことです。しかしこの話は、県の担当者《たんとうしゃ》に陳情《ちんじょう》すると、

「サケ事業は増殖《ぞうしょく》ありきで、釣《つ》りありきではありません」
とあっさり却下《きゃっか》。

何年か後に、サケの遡上《そじょう》数が安定したら是非再開《ぜひさいかい》したいものだと、松本《まつもと》組合長以下、今ではみんながサケ釣獲調査《ちょうかくちょうさ》を望んでいます。

2003年から2010年まで7年間、大人気のサケ釣獲調査《ちょうかくちょうさ》を主宰《しゅさい》して学んだこと、そして2011年の避難《ひなん》から今までに経験《けいけん》したこと、もちろん社会人として、漁師《りょうし》とはちょっと違《ちが》うけれど、漁業者として、木戸川漁業協同組合《きどがわぎょぎょうきょうどうくみあい》の職員《しょくいん》として、様々《さまざま》な人の助けを借り、教えられて謙太郎《けんたろう》くんは成長しました。

今では立派《りっぱ》なサケ職人《しょくにん》でもあり、組合長も一目おく存在《そんざい》になりました。

その謙太郎《けんたろう》くんが今後の木戸川《きどがわ》の理想的なあり方について思うこと。それは原発の汚染《おせん》が解決《かいけつ》されて安心のもと、

「サケの町楢葉《ならは》」

「木戸《きど》ザケの楢葉《ならは》」

「原発事故《じこ》から蘇《よみがえ》った町」

「サーモンフィッシングの木戸川《きどがわ》」

として、名実ともに潤《うるお》っていくことです。
「そして幸せな楢葉町民《ならはちょうみん》」が育っていくことです。

1度は夢見《ゆめみ》たカナダやアラスカの大自然の中でのサーモンフィッシング。就職《しゅうしょく》してそれに近づきたいと思ったあの頃《ころ》、自分には力がなくて、どうすることもできなかったこともよく思い出します。

木戸川《きどがわ》のサケは食いつきがよく釣《つ》れる魚、そして美味《おい》しい魚。しかし、それだけの魅力《みりょく》では人は戻《もど》ってきません。

いや震災《しんさい》以前よりも人気が出て、みんなが幸せになるようなサケ釣獲調査《ちょうかくちょうさ》を運営《うんえい》しなくてはなりません。

現在《げんざい》、楢葉町《ならはまち》にはビジネスの魅力《みりょく》になるような事例はありません。ですから、若《わか》い世代がこの町に住所を移《うつ》してくることはなくても、サケや自然と一体になった余生《よせい》を過《す》ごしたい人が引っ越《こ》してくるようであってもいいのです。

また木戸川《きどがわ》周辺を中心としたエコツアーのバスが来るとか、海岸は綺麗《きれい》な海として、釣《つ》りや夏の海水浴客で賑《にぎ》わうなど……

南側の広野町《ひろのまち》のサッカー施設《しせつ》・Jビレッジも復活《ふっかつ》し、スポーツと文化の町、自然とサケの町が融合《ゆうごう》し、特殊《とくしゅ》な体験ができるエリアとして共に復興《ふっこう》することも謙太郎《けんたろう》くんは夢見《ゆめみ》ています。

サケの釣獲調査《ちょうかくちょうさ》が行われればまた注目を浴び、多くの釣り人《つりびと》からの申し込《こ》みが殺到《さっとう》することでしょう。それに対応《たいおう》しなくてはなりません。

しかし、すでにこの休憩《きゅうけい》期間のような日々《ひび》の中で、謙太郎《けんたろう》くんの頭の中には理想的な青写真が描《えが》かれています。それは、来てくれた人みんなが幸せになり、

「また来るよ」

と笑顔で帰ってくれるような管理《かんり》も必要です。不公平がないようにルールもきちんと作り、実行しなくてはなりません。全ての人が、みんなのことを考えてルールを守り、楽しく釣《つ》りをしてくれればいいですね。

釣《つ》りをしない人には分からないかと思いますが、サケが次々《つぎつぎ》に遡上《そじょう》してきて、次々《つぎつぎ》釣《つ》れる場所にいる人と、そうでない場所に入った人のヒット率（釣《つ》れ具合）は大きく変わり、釣《つ》れていない人は羨《うらや》ましがるのです。釣《つ》れている人が、

「替《か》わりましょう、あなたもぜひ釣《つ》ってください」

と笑顔で交代できるような状況《じょうきょう》が作れれば最高でしょう。

それは、木戸川《きどがわ》にたくさんのサケが上ってくるという証《あかし》でもあるのです。

もちろんルール違反《いはん》をするような人に対しては警告《けいこく》を発しなければなりません。なかなかできないことですが、成長した今の謙太郎《けんたろう》くんなら大丈夫《だいじょうぶ》。彼《かれ》の言うことならみんなが聞いてくれるでしょう。今回の震災《しんさい》で、それほどの風格《ふうかく》が備《そな》えられました。

サケは生き物ですから、人間の思惑《おもわく》通りに、毎日同じように遡上《そじょう》してはくれません。状《じょう》況《きょう》が悪い日にはサケが遡上《そじょう》せず、釣《つ》れない人が続出することもあるかと思います。

そんな日に当たってしまったとしても決してカリカリせず、

「鈴木謙太郎《すずきけんたろう》さんに会えただけでもよかったよ」

と言ってくれるような参加者ばかりが集まってくるのが理想です。

「木戸川《きどがわ》には心豊《ゆた》かないい釣《つ》り人《びと》が集まってくる」

そんな噂《うわさ》もたってほしいものです。

多くの人が釣《つ》りを楽しんでいる時、観光客あるいは釣《つ》り人《びと》の家族が笑顔でそれを見物できるような環境《かんきょう》がそこにある。そしていつか、全く釣《つ》りをしたことがない人でも、ガイドをつけて木戸川《きどがわ》でサケ釣《つ》りができる環境《かんきょう》……

釣《つ》りデビューがいきなりサケってカッコいいですよね。これこそサケの先進国、アラスカやカナダのようです。日本は日本の規模《きぼ》で、できる限《かぎ》りのことを企画《きかく》しサービスしたらいいのです。

漁業だけでは十分に稼《かせ》いでいけないので、サービス業としても展開《てんかい》していかないと、木《き》戸川《どがわ》の未来はありません。

まるで川のアミューズメントパークのように、来るたびに新しいことが体験でき、新しい発見があるような夢《ゆめ》のある川にしたい。謙太郎《けんたろう》くんはそう思っています。

そうするためには、漁協《ぎょきょう》だけの努力では成り立ちません。行政《ぎょうせい》、観光協会などの協力も得て、漁協《ぎょきょう》の事務所《じむしょ》に併設《へいせつ》でサーモン会館なる商業施設《しせつ》、サケのことならここに行けというような資料館《しりょうかん》の機能《きのう》を備《そな》えたレストランやカフェ、B級グルメなどを扱《あつか》うお店の集合体も近くにあるべきでしょう。

あるいはアクアマリンふくしま木戸川《きどがわ》分館でも構《かま》いません。有名な水族館のサテライトエリアができれば、楢葉町《ならはまち》はサケのシーズン以外でも多くの話題を提供《ていきょう》できるようになることでしょう。

現在《げんざい》、アクアマリンふくしまでは木戸川《きどがわ》を再現《さいげん》するような人工河川《かせん》の施設《しせつ》を作り、捕獲《ほかく》したサケをここに放流して、産卵《さんらん》シーンを見ることができる準備《じゅんび》を始めています。

これも、尊敬《そんけい》する謙太郎先輩《けんたろうせんぱい》とのコラボレーションをしたいと願う吉田光輔《よしだこうすけ》くんの熱意から発想されたものです。

謙太郎《けんたろう》くんの喜び、苦労の横にはいつも光輔《こうすけ》くんがいました。応援《おうえん》し支《ささ》え合い助け合ってきたのです。これまで謙太郎《けんたろう》くんをポジティブにさせてきた理由はただ1つ。釣《つ》りです。光輔《こうすけ》くんとの絆《きずな》もそうです。

魚との関わり方にはいろいろあると思います。飼育《しいく》する、食べる、ダイビングなどで潜《せん》水《すい》して見る……そして、獲《と》るという手段《しゅだん》の中に釣《つ》りがあります。

釣《つ》りは対象魚の習性《しゅうせい》を考え、どこに行けば釣《つ》れるのか、どういう道具なら釣《つ》れるのか、どういう餌《えさ》なら食いついてくるのか、多種多様な知識《ちしき》と、経験《けいけん》、考察力を必要とする知的な遊戯《ゆうぎ》です。

謙太郎《けんたろう》くんに釣《つ》りを教えた時、父親の保夫《やすお》さんがそこまで考えたかどうかは不明です。

しかし結果、震災《しんさい》、原発事故《じこ》という苦難《くなん》を乗り越《こ》え、サケ釣《つ》りを可能《かのう》にした立派《りっぱ》な男に成長した謙太郎《けんたろう》くんがいるのです。

謙太郎《けんたろう》くんに惚《ほ》れ込《こ》んで結婚《けっこん》した麻美《あさみ》さんも、釣《つ》りをするからこの男ができ上がっていることに気づいているはずです。

謙太郎《けんたろう》くんや光輔《こうすけ》くんの場合、釣《つ》りをすることで夢や希望を持つという、いい方向へと人生が変わっていきました。

ただ捕獲《ほかく》して出荷すると、美味《おい》しい魚で終わってしまうかもしれませんが、釣《つ》って捕獲《ほかく》すると、有効《ゆうこう》利用。そうです。人々《ひとびと》を幸せにするのです。

サケとはそういう魚なのです。

おわりに

「なんとかサケを釣《つ》ることができないだろうか」

謙太郎《けんたろう》くんのその夢《ゆめ》は彼《かれ》に活力を与《あた》えました。そして、

「サケ釣《つ》りができるようになった」

この夢《ゆめ》を実現《じつげん》させたうれしさは、釣《つ》りが大好きな謙太郎《けんたろう》くんに多くのものをもたらしました。

読者の皆《みな》さんが釣《つ》りに関心があるかどうかは別として、謙太郎《けんたろう》くんが釣《つ》りを通じて様々《さまざま》な経験《けいけん》をし、そしていろんな人に出会い、親しみ合い、助け合い、成長していったことは事実です。彼《かれ》の人生を大きく変えたのは間違《まちが》いなく釣《つ》りとサケです。

もし彼《かれ》が釣《つ》りをしていなかったら、彼《かれ》がサケと出会っていなかったら、筆者も彼《かれ》と出会っていなかったでしょう。

地震《じしん》と津波《つなみ》だけならすぐに復旧《ふっきゅう》できたはずです。しかし原発は最悪でした。人間の科学力がその科学に負けて事故《じこ》を引き起こしたと

も言えましょう。この震災《しんさい》を経験《けいけん》し、謙太郎《けんたろう》くんは大きく、たくましくなりました。

支《ささ》えなければならなかった家族に、実は逆《ぎゃく》に彼《かれ》が支《ささ》えられていたことも知りました。いつも励《はげ》ましてくれた奥《おく》さんの麻美《あさみ》さんは、頑《がん》張《ば》る夫を支《ささ》える妻《つま》として、また母親として相当の苦労や我慢《がまん》、努力をしたと思います。

そして、ずっと謙太郎《けんたろう》くんを応援《おうえん》してくれた佐藤悦男《さとうえつお》さん、現《げん》組合長の松本秀夫《まつもとひでお》さん、現《げん》副組合長の猪狩久市《いがりきゅういち》さん、漁労長の渡辺忠《わたなべただ》男《お》さんをはじめ、組合員、女性スタッフの方々《かたがた》、そして各漁協《ぎょきょう》、行《ぎょう》政《せい》関係の方々《かたがた》が後押《あとお》ししてくれたから頑張《がんば》ってこられたのでしょう。

また、忘《わす》れてはならないのが、後輩《こうはい》で弟のような吉田光輔《よしだこうすけ》くんです。謙太郎《けんたろう》くんにとって、羨《うらや》ましいほど頼《たよ》りになる存在《そんざい》です。

漁協《ぎょきょう》の中で彼《かれ》がマスコミ対応《たいおう》を任《まか》されているというのも、今回の活躍《かつやく》で信頼《しんらい》を得たからでしょう。木戸川《きどがわ》と言えばいつも鈴木《すずき》さんというほど、テレビや新聞では有名になりました。「サーモンマスター」の称号《しょうごう》を持ってもおかしくないほどの技術《ぎじゅつ》と知識《ちしき》も身につけました。

そんな中で決しておごらず、自分を支《ささ》えてくれている人々《ひとびと》に感謝《かんしゃ》の気持ちを忘《わす》れない、そんな彼《かれ》の謙虚《けんきょ》さがさらに皆《みな》に愛されている要因《よういん》です。

未だ避難者《ひなんしゃ》が40万人以上もいるという現実《げんじつ》の中で、明るい光を灯してくれているのがサケの話題です。

いつかカナダやアラスカのように広大な環境《かんきょう》の中で、とはいかないけれど、規模《きぼ》が小さいなりにベストな状態《じょうたい》でサケ釣《つ》りができるようにしていきたい。

そういう謙太郎《けんたろう》くんの次の夢《ゆめ》を実現《じつげん》させるには、木戸川漁協《きどがわぎょきょう》の周りに観光施設《しせつ》などを集中させて、そのエリアを楢葉町《ならはまち》の自然とサケをテーマにしたアミューズメントパークにしていくことだと筆者は思います。

ディズニーランドの自然型タイプといえばなんとなく分かりやす

いでしょうか。きっと彼《かれ》なら、カナダやアラスカにはない日本のオリジナル、木戸川独特《きどがわどくとく》のものが作れるはずです。

この本を書き終える前に、彼《かれ》が筆者に言ったのは、

「釣《つ》りをしていなければ木戸川《きどがわ》に勤《つと》めることもなかっただろうし、仮《かり》に勤《つと》めたとしても、震災《しんさい》の時にやめていたかもしれない」

この言葉を筆者自身の人生に当てはめた時、それほど夢中《むちゅう》になれるものがあるだろうかと感心しました。

皆《みな》さんはいかがですか？　夢中《むちゅう》になれるもの、毎日をワクワクドキドキしながら過《す》ごせる趣味《しゅみ》などはありますか？

木戸川《きどがわ》のサケ釣獲調査《ちょうかくちょうさ》が再開《さいかい》されたら、ぜひ釣《つ》りにお出かけください。謙太郎《けんたろう》くんが笑顔で迎《むか》えてくれますよ。

そして最後に、この本の執筆《しっぴつ》を勧《すす》めてくれた小学館の武藤心平《むとうしんぺい》さんに、心より感謝《かんしゃ》を申し上げます。

奥山文弥◉著
木戸川漁業協同組合◉監修
天本惠子◉装画・本文イラスト
山口了児◉装幀・本文デザイン
浦城朋子◉制作
筆谷利佳子◉販売
綾部千恵◉宣伝
武藤心平◉企画・編集
SPECIAL THANKS
鈴木謙太郎／吉田光輔

奥山文弥
1960年愛知県出身。
北里大学水産学部卒業。専門はサケマス魚類。
現在は東京海洋大学客員教授。
世界的な釣り名人でもある。

サケが帰ってきた！
福島県木戸川漁協 震災復興へのみちのり

2017年10月21日　初版第1刷発行
2025年 2 月 8 日　　第2刷発行

著者／奥山文弥
発行者／柏原順太
発行所／株式会社小学館
〒101-8001 東京都千代田区一ツ橋 2-3-1
電話／編集 03-3230-5454　販売 03-5281-3555
印刷所／株式会社美松堂
製本所／牧製本印刷株式会社

Printed in Japan

ISBN978-4-09-227191-3